PupiMix

Taxonomía Vegetal
(Familias)

PupiMix FÁCIL
· Dificultad

Taxonomía vegetal (familias)

La sopa de letras donde puedes colorear las palabras que encuentres!
Edición 2024 | Rev. 06-AGO | VOL. 1

ADEMAR VENTURA

`MOKMU.COM`

Muchas felicidades por haber comprado este libro, te divertirás a lo grande, así que coge tu lápiz o colores y empieza! . Y recuerda que siempre tienes que pasar la página, ya que si no lo haces nunca conocerás lo que hay más allá de donde estás hoy. ¡Esto aplica para todo! ;)

Fuente

- **Angiosperm Phylogeny Website**
  https://www.mobot.org/mobot/research/apweb/

PupiMix #1

> Familias de plantas

MokMu

l	x	v	ñ	w	k	n	r	a	y	u	t	b	e	z	h	b	y	r	x	x	n	y	r	e
a	q	z	i	z	g	f	n	v	i	g	p	q	i	i	c	h	a	ñ	u	d	b	c	a	ñ
m	b	r	e	g	g	v	z	k	l	p	p	t	m	n	s	d	q	q	f	r	v	e	m	o
a	t	o	f	e	j	e	t	z	i	n	g	i	b	e	r	a	c	e	a	e	c	d	r	g
t	c	r	e	q	i	k	c	w	c	d	b	ñ	w	k	ñ	y	w	n	x	a	z	q	s	z
q	o	m	l	a	w	p	o	o	d	g	x	h	o	e	w	w	w	g	l	e	n	f	w	q
v	b	m	b	z	c	q	j	q	d	a	t	d	r	m	q	c	w	l	t	ñ	b	u	u	s
d	t	o	a	m	c	j	ñ	c	d	o	r	x	t	t	b	u	y	z	y	v	c	ñ	n	a
k	a	j	n	r	u	f	x	g	f	i	n	k	a	ñ	x	h	j	j	i	y	b	q	f	w
s	a	q	w	o	o	d	s	i	a	c	e	a	e	r	p	h	m	f	w	e	w	ñ	n	b
i	a	m	n	d	p	z	r	t	y	r	u	k	c	o	u	k	a	b	t	n	x	c	w	e
i	b	i	q	y	p	f	p	p	u	m	j	v	y	e	l	d	f	e	e	h	q	o	d	a
a	a	ñ	i	i	q	a	w	g	s	q	w	r	s	i	a	e	z	t	o	d	y	s	s	e
i	x	m	i	b	u	t	c	y	g	n	a	b	p	x	r	e	r	x	w	n	u	i	i	c
p	z	j	a	c	x	m	l	w	t	c	e	g	k	i	c	c	w	o	v	s	i	l	s	a
h	w	x	ñ	z	v	y	y	h	e	a	g	q	j	o	c	d	d	c	b	m	z	f	r	r
y	o	z	u	l	t	l	p	t	e	e	p	u	z	l	p	a	b	s	y	m	p	y	e	u
c	m	v	l	b	c	s	x	c	z	k	v	g	w	i	j	p	o	p	t	a	j	y	g	a
x	r	m	s	i	b	a	a	r	m	z	z	j	k	r	k	d	v	k	s	t	p	s	b	l
i	m	l	h	r	x	z	i	e	a	y	u	l	p	i	e	g	j	b	o	o	d	p	n	d
d	o	b	r	ñ	a	w	g	c	o	n	n	a	r	a	c	e	a	e	q	n	b	c	g	y
y	a	q	w	m	r	m	n	m	j	i	a	c	b	c	n	n	p	i	e	i	r	l	r	g
e	x	i	t	b	b	y	q	c	e	b	r	z	p	e	m	f	n	y	m	a	o	x	j	k
e	w	x	h	z	g	y	d	ñ	e	p	t	a	b	a	i	s	j	q	b	c	p	j	f	w
u	z	l	s	r	z	w	h	ñ	p	f	l	i	s	e	s	g	h	i	p	e	f	h	n	i
i	k	r	a	n	y	n	y	e	ñ	m	v	g	j	l	u	m	g	b	s	a	f	p	m	c
s	c	f	q	s	d	z	y	u	c	d	o	z	m	q	d	w	c	t	p	e	p	q	l	j

Q Busca las palabras que se muestran en la siguiente lista:

pagina 1

1. Connaraceae
2. Ixioliriaceae
3. Mazaceae
4. Zingiberaceae
5. Matoniaceae
6. Codonaceae
7. Woodsiaceae
8. Lauraceae
9. Caryophyllaceae

⭐ **¿Quieres ver la solución?**
La solución está debajo, sólo tienes que
buscar la palabra que quieres encontrar.
Es tan simple como eso.

PupiMix #1

> Familias de plantas

																									e
																							a		
																					e				
					z	i	n	g	i	b	e	r	a	c	e	a	e	c						
				c										a										
				o									l											
			d								l													
				o						y														
					n				h															
	w	o	o	d	s	i	a	c	e	a	e		p											
							c	o											e					
						y	e											a						
					r		i	a									e							
				a		x		e								c								
			c	e		i									a									
			a			o									r									
		e				l						m			u									
		c				i					a			a										
	a				r					t			l											
	z					i				o														
		a		c	o	n	n	a	r	a	c	e	a	e		n								
	m							c					i											
							e					a												
						a					c													
					e					e														
									a															
								e																

① Connaraceae ② Ixioliriaceae ③ Mazaceae
④ Zingiberaceae ⑤ Matoniaceae ⑥ Codonaceae
⑦ Woodsiaceae ⑧ Lauraceae ⑨ Caryophyllaceae

PupiMix #2

> Familias de plantas

MokMu

Busca las palabras que se muestran en la siguiente lista:

pagina 2

1. Geissolomataceae
2. Aextoxicaceae
3. Cleomaceae
4. Aquifoliaceae
5. Nyssaceae
6. Bataceae
7. Ruppiaceae
8. Metaxyaceae
9. Betulaceae

⭐ **¿Quieres ver la solución?**
La solución está debajo, sólo tienes que
buscar la palabra que quieres encontrar.
Es tan simple como eso.

PupiMix #2

❯ Familias de plantas

					b											c					
				e										l							
					t								e								
						u						o									
							l				m										
							a			a									a		
	e							c	c										e		
	a							e	e										x		
m	e						a			a									t		
e	c					e					e								o		
t	a																		x		
a	s			e	a	e	c	a	t	a	m	o	l	o	s	s	i	e	g		i
x	s			e	a	e	c	a	i	l	o	f	i	u	q	a					c
y	y																				a
a	n					e	a	e	c	a	i	p	p	u	r						c
c		e																		e	
e			a																	a	
a				e																e	
e					c																
						a															
							t														
								a													
									b												

---

1 Geissolomataceae **2** Aextoxicaceae **3** Cleomaceae
4 Aquifoliaceae **5** Nyssaceae **6** Bataceae
7 Ruppiaceae **8** Metaxyaceae **9** Betulaceae

PupiMix #3
> Familias de plantas

MokMu

Q Busca las palabras que se muestran en la siguiente lista:

pagina 3

1. Lanariaceae
2. Nelumbonaceae
3. Rhachidosoraceae
4. Ephedraceae
5. Lowiaceae
6. Celastraceae
7. Crassulaceae
8. Symplocaceae
9. Irvingiaceae

⭐ **¿Quieres ver la solución?**
La solución está debajo, sólo tienes que
buscar la palabra que quieres encontrar.
Es tan simple como eso.

PupiMix #3

❭ Familias de plantas

							e	a	e	c	a	r	d	e	h	p	e							
l																								
o																								
w			n		e	a	e	c	a	l	u	s	s	a	r	c							
i			e																				
a		l		e																			
c		u			a																		
e		m				e																	
a		b					c				e	a	e	c	a	i	r	a	n	a	l		
e		o						a															
e	a	n						r															
a		e	a	c						o													
e			c		e						s												
c			e	a		l						o											
a			a		i		a					d											
c			e			g		s						i									
o							n		t						h								
l							i		r							c							
p								v		a							a						
m									r		c					h							
y										i		e						r					
s													a										
											e												

1 Lanariaceae   2 Nelumbonaceae   3 Rhachidosoraceae
4 Ephedraceae   5 Lowiaceae   6 Celastraceae
7 Crassulaceae   8 Symplocaceae   9 Irvingiaceae

PupiMix #4

> Familias de plantas

MokMu

Busca las palabras que se muestran en la siguiente lista:

pagina 4

1. Marantaceae
2. Daphniphyllaceae
3. Corynocarpaceae
4. Polygalaceae
5. Argophyllaceae
6. Wightiaceae
7. Rapateaceae
8. Convolvulaceae
9. Xeronemataceae

⭐ **¿Quieres ver la solución?**
La solución está debajo, sólo tienes que
buscar la palabra que quieres encontrar.
Es tan simple como eso.

PupiMix #4

> Familias de plantas

.	.	.	.	.	.	.	.	.	.	.	.	.	.	.	.	.	.	.	.	.	.	.	.	.	.	.	.
.	.	a	.	.	.	.	.	.	.	.	.	.	.	.	.	.	.	.	.	.	.	.	.	.	.	.	.
.	.	r	.	.	.	.	.	.	.	.	.	.	.	.	.	.	.	.	.	.	.	.	.	.	.	.	.
.	.	g	.	.	.	.	.	.	.	.	.	.	.	.	.	.	.	.	.	.	.	.	.	.	.	.	.
.	.	o	.	.	.	c	.	m	a	r	a	n	t	a	c	e	a	e	.	.	.	.	.	.	.	.	.
.	.	p	.	.	.	o	.	.	.	c	.	.	.	.	.	.	.	.	.	.	.	.	.	.	.	.	.
.	.	h	.	.	.	n	.	.	.	d	o	r	a	p	a	t	e	a	c	e	a	e	.	.	.	.	.
.	.	y	.	.	.	v	.	.	.	a	.	r	.	.	.	.	.	.	.	.	.	.	.	.	.	.	.
.	.	l	.	.	.	o	.	.	.	p	.	.	y	.	.	.	.	.	.	.	.	.	.	.	.	.	.
.	.	l	.	.	.	l	.	.	.	h	.	.	.	n	.	.	.	.	.	.	.	.	.	.	.	.	.
.	.	a	.	.	.	v	.	.	.	n	x	e	.	.	o	.	.	.	.	.	.	.	.	.	.	.	.
.	.	c	.	.	.	u	.	.	.	i	.	e	a	.	.	c	.	.	.	.	.	.	.	.	.	.	.
.	.	e	.	.	.	l	.	.	.	p	.	.	r	e	.	.	a	.	.	.	.	.	.	.	.	.	.
.	.	a	.	.	.	a	.	.	.	h	.	.	.	o	c	.	.	r	.	.	.	.	.	.	.	.	.
.	.	e	.	.	.	c	.	.	.	y	.	.	.	.	n	a	.	.	p	.	.	.	.	.	.	.	.
.	.	.	.	.	.	e	.	.	.	l	.	.	.	.	.	e	i	.	.	a	.	.	.	.	.	.	.
.	.	.	.	.	.	a	.	.	.	l	.	.	.	.	.	.	m	t	.	.	c	.	.	.	.	.	.
.	.	.	.	.	.	e	.	.	.	a	.	.	.	.	.	.	a	h	.	.	e	.	.	.	.	.	.
.	.	.	.	.	.	.	.	.	.	c	.	.	.	.	.	.	t	g	.	.	a	.	.	.	.	.	.
.	.	.	.	.	.	.	.	.	.	e	.	.	.	.	.	.	.	a	i	.	.	e	.	.	.	.	.
.	.	.	.	.	.	.	.	.	.	a	.	.	.	.	.	.	.	.	c	w	.	.	.	.	.	.	.
.	.	.	.	.	.	.	.	.	.	e	.	.	.	.	.	.	.	.	.	e	.	.	.	.	.	.	.
.	.	.	.	.	.	.	.	.	.	.	.	.	.	.	.	.	.	.	.	a	.	.	.	.	.	.	.
.	.	.	.	p	o	l	y	g	a	l	a	c	e	a	e	.	.	.	.	.	.	e	.	.	.	.	.
.	.	.	.	.	.	.	.	.	.	.	.	.	.	.	.	.	.	.	.	.	.	.	.	.	.	.	.
.	.	.	.	.	.	.	.	.	.	.	.	.	.	.	.	.	.	.	.	.	.	.	.	.	.	.	.
.	.	.	.	.	.	.	.	.	.	.	.	.	.	.	.	.	.	.	.	.	.	.	.	.	.	.	.
.	.	.	.	.	.	.	.	.	.	.	.	.	.	.	.	.	.	.	.	.	.	.	.	.	.	.	.

❶ Marantaceae ❷ Daphniphyllaceae ❸ Corynocarpaceae
❹ Polygalaceae ❺ Argophyllaceae ❻ Wightiaceae
❼ Rapateaceae ❽ Convolvulaceae ❾ Xeronemataceae

PupiMix #5

Familias de plantas

MokMu

Busca las palabras que se muestran en la siguiente lista:

1. Montiniaceae
2. Sapotaceae
3. Koeberliniaceae
4. Himantandraceae
5. Austrobaileyaceae
6. Juncaginaceae
7. Linderniaceae
8. Staphyleaceae
9. Surianaceae

pagina 5

⭐ **¿Quieres ver la solución?**
La solución está debajo, sólo tienes que
buscar la palabra que quieres encontrar.
Es tan simple como eso.

PupiMix #5

> Familias de plantas

.	.	.	.	.	.	.	.	.	.	.	.	.	.	.	.	.	.	.	.	.	.	.	.	.	.	.	.
.	.	.	.	.	.	.	.	.	.	.	.	.	.	.	.	.	.	.	.	.	.	e	.	.	.	e	.
.	.	.	.	.	.	.	h	i	m	a	n	t	a	n	d	r	a	c	e	a	e	.	.	.	.	.	.
.	.	.	.	.	.	.	.	.	.	s	.	.	.	.	.	e	.	e	.	.	.	.	.	.	.	.	.
.	.	.	.	.	.	.	.	u	.	.	.	.	.	c	c	a	.	.	.	.	.	.	.	.	.	.	.
.	.	.	.	.	.	.	r	.	.	.	.	.	a	.	e	.	.	.	.	.	.	.	.	.	.	.	.
.	.	.	.	.	.	.	i	.	.	.	.	i	y	.	c	.	.	.	.	.	.	.	.	.	.	.	.
.	.	.	.	.	.	a	.	.	.	.	n	.	e	.	a	.	.	.	.	.	.	.	.	.	.	.	.
.	.	.	.	.	n	.	.	.	.	i	.	l	.	e	.	.	.	.	.	.	.	.	.	.	.	.	.
.	.	.	.	a	.	.	.	l	.	.	.	i	.	l	.	.	.	.	.	.	.	.	.	.	.	.	.
.	.	.	c	.	.	.	r	.	.	.	a	.	y	.	.	.	.	.	.	.	.	.	.	.	.	.	.
.	.	e	.	.	.	e	e	.	.	e	.	.	b	.	h	.	.	.	.	.	.	.	.	.	.	.	.
.	a	.	.	.	b	a	.	.	a	.	.	o	.	p	.	.	.	.	.	.	.	.	.	.	.	.	.
e	.	.	.	.	e	.	.	e	.	e	.	r	.	a	.	.	.	.	.	.	.	.	.	.	.	.	.
.	.	.	.	o	.	.	c	c	.	t	.	t	.	.	.	.	.	.	.	.	.	.	.	.	.	.	.
.	.	.	k	.	.	.	a	.	.	s	.	s	.	.	.	.	.	.	.	.	.	.	.	.	.	.	.
.	.	.	.	.	.	t	n	.	u	.	.	.	.	.	.	.	.	.	.	.	.	.	.	.	.	.	.
.	e	a	e	c	a	i	n	i	t	n	o	m	.	o	.	i	a	.	.	.	.	.	.	.	.	.	.
.	.	.	.	.	.	.	.	.	p	.	g	.	.	.	.	.	.	.	.	.	.	.	.	.	.	.	.
.	.	.	.	.	.	.	.	a	.	.	.	a	.	.	.	.	.	.	.	.	.	.	.	.	.	.	.
.	.	.	.	.	.	.	.	s	.	.	.	c	.	.	.	.	.	.	.	.	.	.	.	.	.	.	.
.	.	.	.	.	.	.	.	.	.	.	.	.	n	.	.	.	.	.	.	.	.	.	.	.	.	.	.
e	a	e	c	a	i	n	r	e	d	n	i	l	.	.	.	.	.	u	.	.	.	.	.	.	.	.	.
.	.	.	.	.	.	.	.	.	.	.	.	.	.	.	.	j	.	.	.	.	.	.	.	.	.	.	.
.	.	.	.	.	.	.	.	.	.	.	.	.	.	.	.	.	.	.	.	.	.	.	.	.	.	.	.
.	.	.	.	.	.	.	.	.	.	.	.	.	.	.	.	.	.	.	.	.	.	.	.	.	.	.	.

❶ Montiniaceae **❷** Sapotaceae **❸** Koeberliniaceae
❹ Himantandraceae **❺** Austrobaileyaceae **❻** Juncaginaceae
❼ Linderniaceae **❽** Staphyleaceae **❾** Surianaceae

PupiMix #6
> Familias de plantas

MokMu

Busca las palabras que se muestran en la siguiente lista:

pagina 6

1. Loxsomataceae
2. Microteaceae
3. Goodeniaceae
4. Dioscoreaceae
5. Menyanthaceae
6. Ancistrocladaceae
7. Cactaceae
8. Zamiaceae
9. Fagaceae

⭐ **¿Quieres ver la solución?**
La solución está debajo, sólo tienes que
buscar la palabra que quieres encontrar.
Es tan simple como eso.

PupiMix #6

> Familias de plantas

											e	a	e	c	a	t	c	a	c								
																		m									
																		i									
			e	a	e	c	a	e	r	o	c	s	o	i	d			c									
												e						r									
												a						o									
			a									e						t									
				n								c						e									
					c							a						a									
						i						h						c									
						s						t						e									
						e	t					n						a									
							a	r				a						e									
							z		e	o				y													
							a			c	c			n													
							m				a	l		e													
							i					i	a	m													
							a					e	n	d													
							c						a	e	a												
							e						e	d	c												
							a						c	o	e												
							e						a	o	a												
													g	g	e												
				e	a	e	c	a	t	a	m	o	s	x	o	l	a										
																	f										

① Loxsomataceae ② Microteaceae ③ Goodeniaceae
④ Dioscoreaceae ⑤ Menyanthaceae ⑥ Ancistrocladaceae
⑦ Cactaceae ⑧ Zamiaceae ⑨ Fagaceae

PupiMix #7

> Familias de plantas

MokMu

Busca las palabras que se muestran en la siguiente lista:

1. Cynomoriaceae
2. Kewaceae
3. Biebersteiniaceae
4. Trochodendraceae
5. Boraginaceae
6. Sarcobataceae
7. Pandanaceae
8. Mystropetalaceae
9. Sapindaceae

⭐ **¿Quieres ver la solución?**
La solución está debajo, sólo tienes que
buscar la palabra que quieres encontrar.
Es tan simple como eso.

PupiMix #7

> Familias de plantas

(Sopa de letras / word search grid)

① Cynomoriaceae
② Kewaceae
③ Bieberteiniaceae
④ Trochodendraceae
⑤ Boraginaceae
⑥ Sarcobataceae
⑦ Pandanaceae
⑧ Mystropetalaceae
⑨ Sapindaceae

PupiMix #8

> Familias de plantas

MokMu

Busca las palabras que se muestran en la siguiente lista:

1. Hamamelidaceae
2. Griseliniaceae
3. Corsiaceae
4. Ochnaceae
5. Grubbiaceae
6. Strelitziaceae
7. Myristicaceae
8. Violaceae
9. Bruniaceae

⭐ **¿Quieres ver la solución?**
La solución está debajo, sólo tienes que
buscar la palabra que quieres encontrar.
Es tan simple como eso.

PupiMix #8

❯ Familias de plantas

e	.	.	.	.	.	.	.	.	.	.	.	.	.	.	.	.	.	.	.	.	.
.	a	.	.	.	.	.	.	.	.	.	g	.	.	.	.	.	.	.	.	.	.
.	.	e	.	.	.	.	.	.	.	.	r	.	.	.	.	.	.	.	.	.	.
.	.	.	c	.	.	.	.	.	.	.	u	.	.	.	.	.	.	.	.	.	.
.	.	.	.	a	.	.	.	.	.	.	b	.	.	.	g	.	.	.	.	.	.
.	.	.	.	.	i	.	.	.	.	.	b	.	.	.	r	.	.	.	.	.	.
.	.	.	.	.	.	z	.	.	.	.	i	.	.	.	i	.	.	.	.	.	.
.	.	.	.	.	.	.	t	.	.	.	a	.	.	.	s	.	.	.	.	.	.
.	.	.	.	.	.	.	.	i	.	.	c	.	.	.	e	.	.	.	.	.	.
.	.	.	.	.	.	.	.	.	l	.	.	e	.	.	.	l	.	.	.	.	.
.	.	e	a	e	c	a	d	i	l	e	m	a	m	a	h	i	.	.	.	.	.
.	.	v	.	.	.	.	.	r	e	.	.	.	n	.	.	.	.	.	.	.	e
.	.	i	.	.	.	.	.	.	t	.	.	.	i	.	.	.	.	.	a	.	.
.	.	o	.	.	.	.	.	.	.	s	.	.	a	.	.	.	.	e	.	.	.
.	.	l	.	.	.	.	.	.	.	.	.	c	.	.	.	.	c	.	.	.	.
.	.	a	.	.	e	a	e	c	a	n	h	c	o	.	.	e	.	.	a	.	.
.	.	c	.	e	.	.	.	.	.	.	.	.	a	.	.	i	.	.	.	.	.
.	.	e	.	.	a	.	.	.	.	.	.	.	e	.	s	.	.	.	.	.	.
.	.	a	.	.	.	e	.	.	.	.	.	.	r	.	.	.	.	.	.	.	.
.	.	e	.	.	.	.	c	.	.	.	.	.	o	.	.	.	.	.	.	.	.
.	.	.	.	.	.	.	.	a	.	.	.	.	c	.	.	.	.	.	.	.	.
.	.	.	.	.	.	.	.	.	i	.	.	.	.	.	.	.	.	.	.	.	.
.	.	.	.	.	.	.	.	.	n	.	.	.	.	.	.	.	.	.	.	.	.
.	.	.	.	.	.	.	.	.	u	.	.	.	.	.	.	.	.	.	.	.	.
.	.	.	.	.	.	.	.	m	y	r	i	s	t	i	c	a	c	e	a	e	.	.
.	.	.	.	.	.	.	.	.	.	b	.	.	.	.	.	.	.	.	.	.	.
.	.	.	.	.	.	.	.	.	.	.	.	.	.	.	.	.	.	.	.	.	.

❶ Hamamelidaceae   ❷ Griseliniaceae   ❸ Corsiaceae
❹ Ochnaceae   ❺ Grubbiaceae   ❻ Strelitziaceae
❼ Myristicaceae   ❽ Violaceae   ❾ Bruniaceae

PupiMix #9
> Familias de plantas

MokMu

Busca las palabras que se muestran en la siguiente lista:

pagina 9

1. Ceratophyllaceae
2. Strasburgeriaceae
3. Garryaceae
4. Nepenthaceae
5. Pteridaceae
6. Schlegeliaceae
7. Buxaceae
8. Rhabdodendraceae
9. Canellaceae

⭐ **¿Quieres ver la solución?**
La solución está debajo, sólo tienes que
buscar la palabra que quieres encontrar.
Es tan simple como eso.

PupiMix #9

> Familias de plantas

.	.	.	.	.	.	.	.	.	.	.	.	.	.	.	.	.	.	.	.	.	.	.
.	.	.	e	.	.	.	.	.	.	.	.	e	.	.	.	.	.	.	.	.	.	.
.	.	e	a	a	.	.	.	.	.	.	a	.	.	.	.	e	.	.	.	.	.	.
.	.	a	e	.	e	.	.	.	.	.	.	e	.	.	a	.	.	.	.	.	.	.
.	.	e	c	.	.	c	.	.	.	.	.	c	e	.	.	.	.	.	.	.	.	.
.	.	c	a	.	.	.	a	.	.	.	.	c	a	.	.	.	.	.	.	.	.	.
.	.	a	d	.	.	.	y	.	.	.	.	a	.	.	l	.	.	.	.	.	.	.
.	.	i	i	.	.	.	.	r	.	.	.	i	.	.	.	l	.	.	.	.	.	.
.	.	r	r	.	.	.	.	.	r	.	l	.	.	.	.	.	e	.	.	.	e	.
.	.	e	e	.	.	.	.	.	a	e	.	.	.	.	.	.	n	.	.	a	.	.
.	.	g	t	.	.	.	.	g	g	.	.	.	.	.	.	.	a	.	e	.	.	.
.	.	r	p	.	.	.	e	.	.	.	.	.	.	.	.	.	c	.	c	.	.	.
.	.	u	.	.	.	.	l	.	.	e	a	e	c	a	h	t	n	e	p	e	n	a
.	.	b	.	.	.	.	h	.	.	.	.	.	.	.	.	.	.	.	.	.	r	.
.	.	s	.	.	.	c	.	.	.	.	.	.	.	.	.	.	.	.	.	.	d	.
.	.	a	.	.	s	.	.	.	.	.	.	.	.	.	.	.	.	.	.	.	n	.
.	.	r	.	.	.	c	e	r	a	t	o	p	h	y	l	l	a	c	e	a	e	.	e
.	.	t	.	.	.	.	.	.	.	.	.	.	.	.	.	.	.	.	.	.	d	.
.	.	s	.	.	.	.	.	.	.	.	.	.	.	.	.	.	.	.	.	.	o	.
.	.	.	.	.	.	.	.	.	.	.	.	.	.	.	.	.	.	.	.	.	d	.
.	.	.	.	.	.	.	.	.	.	.	.	.	.	.	.	.	.	.	.	.	b	.
.	.	.	.	.	.	.	.	.	.	.	.	.	.	.	.	.	.	.	.	.	a	.
.	.	.	.	.	.	.	b	u	x	a	c	e	a	e	.	.	.	.	.	.	h	.
.	.	.	.	.	.	.	.	.	.	.	.	.	.	.	.	.	.	.	.	.	r	.
.	.	.	.	.	.	.	.	.	.	.	.	.	.	.	.	.	.	.	.	.	.	.
.	.	.	.	.	.	.	.	.	.	.	.	.	.	.	.	.	.	.	.	.	.	.
.	.	.	.	.	.	.	.	.	.	.	.	.	.	.	.	.	.	.	.	.	.	.

❶ Ceratophyllaceae ❷ Strasburgeriaceae ❸ Garryaceae
❹ Nepenthaceae ❺ Pteridaceae ❻ Schlegeliaceae
❼ Buxaceae ❽ Rhabdodendraceae ❾ Canellaceae

PupiMix #10

> Familias de plantas

pagina 10

Busca las palabras que se muestran en la siguiente lista:

1. Ophioglossaceae
2. Melastomataceae
3. Saccolomataceae
4. Hypericaceae
5. Eupomatiaceae
6. Selaginellaceae
7. Rutaceae
8. Thyrsopteridaceae
9. Bogutchanthaceae

⭐ **¿Quieres ver la solución?**
La solución está debajo, sólo tienes que
buscar la palabra que quieres encontrar.
Es tan simple como eso.

PupiMix #10

❯ Familias de plantas

1	Ophioglossaceae	2	Melastomataceae	3	Saccolomataceae
4	Hypericaceae	5	Eupomatiaceae	6	Selaginellaceae
7	Rutaceae	8	Thyrsopteridaceae	9	Bogutchanthaceae

PupiMix #11
> Familias de plantas

MokMu

Q Busca las palabras que se muestran en la siguiente lista:

pagina 11

1. Hypodematiaceae
2. Gunneraceae
3. Polypodiaceae
4. Picrodendraceae
5. Asteraceae
6. Amaranthaceae
7. Caprifoliaceae
8. Brunelliaceae
9. Quillajaceae

⭐ **¿Quieres ver la solución?**
La solución está debajo, sólo tienes que
buscar la palabra que quieres encontrar.
Es tan simple como eso.

PupiMix #11

❯ Familias de plantas

1	Hypodematiaceae	2	Gunneraceae	3	Polypodiaceae
4	Picrodendraceae	5	Asteraceae	6	Amaranthaceae
7	Caprifoliaceae	8	Brunelliaceae	9	Quillajaceae

PupiMix #12

> Familias de plantas

MokMu

Busca las palabras que se muestran en la siguiente lista:

pagina 12

1. Caricaceae
2. Ulmaceae
3. Datiscaceae
4. Liliaceae
5. Krameriaceae
6. Resedaceae
7. Berberidopsidaceae
8. Hemidictyaceae
9. Begoniaceae

⭐ **¿Quieres ver la solución?**
La solución está debajo, sólo tienes que
buscar la palabra que quieres encontrar.
Es tan simple como eso.

PupiMix #12

❯ Familias de plantas

1 Caricaceae **2** Ulmaceae **3** Datiscaceae
4 Liliaceae **5** Krameriaceae **6** Resedaceae
7 Berberidopsidaceae **8** Hemidictyaceae **9** Begoniaceae

PupiMix #13

> Familias de plantas

Busca las palabras que se muestran en la siguiente lista:

1. Anacardiaceae
2. Oncothecaceae
3. Geraniaceae
4. Asphodelaceae
5. Phrymaceae
6. Lindsaeaceae
7. Styracaceae
8. Apocynaceae
9. Octoknemaceae

pagina 13

⭐ **¿Quieres ver la solución?**
La solución está debajo, sólo tienes que
buscar la palabra que quieres encontrar.
Es tan simple como eso.

PupiMix #13

❭ Familias de plantas

.	.	.	.	.	.	.	.	.	.	.	.	.	.	.	.	.	.	.	e	.	.	.
.	.	.	.	.	.	.	.	.	.	.	.	.	.	.	.	.	a	.	.	.	.	.
.	.	.	.	.	a	s	p	h	o	d	e	l	a	c	e	a	e	e	.	.	.	.
.	.	.	.	.	.	.	.	.	.	.	.	.	.	.	c	.	.	.	.	.	.	.
.	.	.	.	.	.	.	.	.	.	.	.	a	.	.	.	.	.	.	.	.	.	.
o	.	.	.	.	.	.	.	.	.	.	e	.	.	.	.	.	.	.	.	.	.	.
n	.	.	.	.	.	.	.	.	.	a	.	.	.	.	.	.	.	.	.	.	.	.
c	.	e	p	.	.	.	.	.	s	.	.	.	.	.	.	.	.	.	.	.	.	.
o	.	a	h	.	.	.	.	d	.	.	.	.	.	.	.	.	.	.	.	.	.	.
t	.	e	r	.	.	.	n	.	.	.	.	.	.	.	.	.	e	.	.	.	.	.
h	.	c	y	.	.	i	.	.	.	.	.	.	.	.	.	a	.	.	.	.	.	.
e	.	a	m	.	.	l	.	.	.	.	.	.	.	e	.	.	.	.	.	.	.	.
c	.	n	a	.	.	.	.	.	.	.	.	.	c	.	.	.	e	.	.	.	.	.
a	.	y	c	.	.	.	.	.	.	.	a	.	.	.	a	.	.	.	.	.	.	.
c	.	c	e	.	.	.	.	.	.	i	.	.	e	.	.	.	.	.	.	.	.	.
e	.	o	a	n	a	c	a	r	d	i	a	c	e	a	e	n	.	.	c	.	.	.
a	.	p	e	.	.	.	.	.	a	.	.	a	.	.	.	.	.	.	.	.	.	.
e	.	a	.	.	.	.	.	r	.	.	m	.	.	.	.	.	.	.	.	.	.	.
.	.	.	.	.	.	.	e	.	.	e	.	.	.	.	.	.	.	.	.	.	.	.
.	.	.	.	.	.	g	.	.	n	.	.	.	.	.	.	.	.	.	.	.	.	.
.	.	.	.	.	.	k	.	.	.	.	.	.	.	.	.	.	.	.	.	.	.	.
.	.	.	.	.	.	o	.	.	.	.	.	.	.	.	.	.	.	.	.	.	.	.
.	.	s	t	y	r	a	c	a	c	e	a	e	t	.	.	.	.	.	.	.	.	.
.	.	.	.	.	.	.	c	.	.	.	.	.	.	.	.	.	.	.	.	.	.	.
.	.	.	.	.	.	o	.	.	.	.	.	.	.	.	.	.	.	.	.	.	.	.
.	.	.	.	.	.	.	.	.	.	.	.	.	.	.	.	.	.	.	.	.	.	.
.	.	.	.	.	.	.	.	.	.	.	.	.	.	.	.	.	.	.	.	.	.	.

① Anacardiaceae ② Oncothecaceae ③ Geraniaceae
④ Asphodelaceae ⑤ Phrymaceae ⑥ Lindsaeaceae
⑦ Styracaceae ⑧ Apocynaceae ⑨ Octoknemaceae

PupiMix #14

> Familias de plantas

Busca las palabras que se muestran en la siguiente lista:

1. Sciadopityaceae
2. Pennantiaceae
3. Olacaceae
4. Siparunaceae
5. Onagraceae
6. Achariaceae
7. Fouquieriaceae
8. Lentibulariaceae
9. Lophopyxidaceae

⭐ **¿Quieres ver la solución?**
La solución está debajo, sólo tienes que
buscar la palabra que quieres encontrar.
Es tan simple como eso.

PupiMix #14

> Familias de plantas

1	Sciadopityaceae	2	Pennantiaceae	3	Olacaceae
4	Siparunaceae	5	Onagraceae	6	Achariaceae
7	Fouquieriaceae	8	Lentibulariaceae	9	Lophopyxidaceae

PupiMix #15
> Familias de plantas

MokMu

Busca las palabras que se muestran en la siguiente lista:

pagina 15

1. Roridulaceae
2. Peraceae
3. Dichapetalaceae
4. Triuridaceae
5. Stemonaceae
6. Moraceae
7. Phytolaccaceae
8. Amborellaceae
9. Lacistemataceae

⭐ **¿Quieres ver la solución?**
La solución está debajo, sólo tienes que
buscar la palabra que quieres encontrar.
Es tan simple como eso.

PupiMix #15

❯ Familias de plantas

.	.	.	.	.	.	.	.	.	.	.	.	.	.	.	.	.	.	.	.	.	.	.	.	.	.
.	.	.	.	.	.	.	.	.	.	.	.	.	.	.	.	e	.	.	.	.	.	.	.	.	.
.	.	.	.	.	.	.	.	.	.	.	.	.	.	.	a	.	.	.	.	.	.	.	.	.	.
.	e	.	.	.	.	.	.	.	.	p	.	.	.	.	e	.	.	.	.	.	.	.	.	.	.
.	d	a	.	.	.	.	.	.	.	e	.	.	.	.	.	c	.	.	.	.	.	.	.	.	.
.	.	i	e	.	.	.	.	.	.	r	.	.	.	.	.	a	.	.	.	.	.	.	.	.	.
.	.	.	c	c	.	.	.	.	.	a	.	.	.	.	.	.	r	.	.	.	.	.	.	.	.
.	.	.	.	h	a	.	.	.	.	c	.	.	.	.	.	.	o	.	.	.	.	.	.	.	.
.	.	.	.	a	t	.	.	.	.	e	.	.	.	.	.	m	.	.	.	.	.	.	.	.	.
.	.	.	e	.	.	p	a	.	.	a	.	.	.	.	.	.	.	.	.	.	.	.	.	.	.
.	.	.	a	.	.	e	m	.	.	e	.	.	.	.	.	.	.	.	.	.	.	.	.	.	.
.	.	.	e	.	.	.	t	e	e	a	e	c	a	d	i	r	u	i	r	t	.	.	.	.	.
.	.	.	c	.	.	.	.	a	t	.	.	.	.	.	.	.	.	.	.	.	.	.	.	.	.
.	.	.	a	.	.	.	.	l	s	.	.	.	.	.	.	.	.	.	.	.	.	.	.	.	.
.	.	.	l	.	.	.	.	a	i	.	.	.	.	.	.	.	.	.	.	.	.	.	.	.	.
.	.	.	l	.	.	.	.	.	c	c	.	.	.	e	.	.	.	.	.	.	.	.	.	.	.
.	.	.	e	.	.	.	.	.	e	a	.	.	a	.	.	.	.	.	.	.	.	.	.	.	.
.	.	.	r	.	.	.	.	.	a	l	.	e	.	.	.	.	.	.	.	.	.	.	.	.	.
.	.	.	o	.	.	.	.	.	e	c	.	.	.	.	.	.	.	.	.	.	.	.	.	.	.
.	.	.	b	.	.	.	.	.	.	a	.	.	.	.	.	.	.	.	.	.	.	.	.	.	.
.	.	.	m	.	.	.	.	.	.	n	.	.	.	.	.	.	.	.	.	.	.	.	.	.	.
.	.	.	a	.	.	.	.	.	.	o	.	.	.	.	.	.	.	.	.	.	.	.	.	.	.
.	.	.	.	.	.	.	.	.	.	m	.	.	.	.	.	.	.	.	.	.	.	.	.	.	.
.	e	a	e	c	a	l	u	d	i	r	o	r	.	.	e	.	.	.	.	.	.	.	.	.	.
.	.	.	.	.	.	.	.	.	.	.	.	t	.	.	.	.	.	.	.	.	.	.	.	.	.
e	a	e	c	a	c	c	a	l	o	t	y	h	p	.	s	.	.	.	.	.	.	.	.	.	.
.	.	.	.	.	.	.	.	.	.	.	.	.	.	.	.	.	.	.	.	.	.	.	.	.	.

❶ Roridulaceae   ❷ Peraceae   ❸ Dichapetalaceae
❹ Triuridaceae   ❺ Stemonaceae   ❻ Moraceae
❼ Phytolaccaceae   ❽ Amborellaceae   ❾ Lacistemataceae

PupiMix #16

> Familias de plantas

MokMu

Q Busca las palabras que se muestran en la siguiente lista:

1. Rhizophoraceae
2. Aspleniaceae
3. Mayacaceae
4. Plumbaginaceae
5. Cibotiaceae
6. Araliaceae
7. Hydatellaceae
8. Didiereaceae
9. Gentianaceae

pagina 16

⭐ **¿Quieres ver la solución?**
La solución está debajo, sólo tienes que
buscar la palabra que quieres encontrar.
Es tan simple como eso.

PupiMix #16

❯ Familias de plantas

.	.	.	.	.	.	.	.	.	.	.	.	.	.	.	.	.	.	.	.	.	.	.	.	.	.	.	.	.	e	.
.	.	.	.	.	.	.	.	.	.	.	a	.	.	.	.	.	.	.	.	.	a	.	.	.						
.	.	.	c	.	.	.	.	.	.	.	s	.	.	.	.	.	.	.	e	.	.	.								
.	.	.	i	.	.	.	.	.	.	.	p	.	.	.	.	.	c	.	.	.	.									
.	.	.	b	.	.	.	.	.	.	.	l	.	.	.	.	a	.	.	.	.										
.	.	.	o	.	e	.	.	.	.	.	e	.	.	.	n	.	.	.	.											
.	.	.	t	.	a	.	.	.	.	.	n	.	.	a	.	.	.	.	.											
.	d	.	i	.	.	e	.	.	.	.	i	.	i	.	.	.	.	.	.											
.	i	.	a	.	.	.	c	.	.	.	a	.	t	.	.	.	.	.	.											
.	d	.	c	.	.	.	a	.	.	.	c	n	.	.	.	.	.	.	.											
.	i	.	e	.	.	.	i	.	.	e	.	.	.	.	.	.	.	.												
.	e	.	a	.	.	.	.	l	g	a	.	.	.	.	.	.	.	.												
.	r	.	e	.	.	.	.	a	e	.	.	.	.	.	.	.	.	.												
.	e	.	.	.	.	.	.	r	.	.	.	.	.	.	.	.	.	.												
.	a	.	.	.	.	.	.	a	.	.	.	.	.	.	.	.	.													
.	c	.	e	.	.	r	h	i	z	o	p	h	o	r	a	c	e	a	e	.	.	.								
.	e	.	.	a	.	.	.	.	.	.	.	.	.	.	.	.	.	.												
.	a	.	.	e	.	.	.	.	.	.	.	.	.	.	.	.	.	.												
.	e	.	c	.	.	.	.	.	.	.	.	.	.	.	.	.	.	.												
.	.	.	a	.	.	.	.	.	.	.	.	.	.	.	.	.	.	.												
.	.	.	c	.	.	.	.	.	.	.	.	.	.	.	.	.	.	.												
.	.	.	a	.	.	.	.	.	.	.	.	.	.	.	.	.	.	.												
.	.	h	y	d	a	t	e	l	l	a	c	e	a	e	.	.														
.	p	l	u	m	b	a	g	i	n	a	c	e	a	e	.	.														
.	.	.	m	.	.	.	.	.	.	.	.	.	.	.	.	.														
.	.	.	.	.	.	.	.	.	.	.	.	.	.	.	.	.														
.	.	.	.	.	.	.	.	.	.	.	.	.	.	.	.	.														

1 Rhizophoraceae **2** Aspleniaceae **3** Mayacaceae
4 Plumbaginaceae **5** Cibotiaceae **6** Araliaceae
7 Hydatellaceae **8** Didiereaceae **9** Gentianaceae

PupiMix #17
> Familias de plantas

Busca las palabras que se muestran en la siguiente lista:

1. Posidoniaceae
2. Typhaceae
3. Setchellanthaceae
4. Petermanniaceae
5. Scrophulariaceae
6. Pinaceae
7. Cystodiaceae
8. Asparagaceae
9. Berberidaceae

pagina 17

⭐ **¿Quieres ver la solución?**
La solución está debajo, sólo tienes que
buscar la palabra que quieres encontrar.
Es tan simple como eso.

PupiMix #17

❯ Familias de plantas

								e	a	e	c	a	i	d	o	t	s	y	c								
.	.	.	.	.	.	.	.	e	a	e	c	a	i	d	o	t	s	y	c	.	.	.	.	.	.	.	.
.	.	.	.	.	.	b	.	p	o	s	i	d	o	n	i	a	c	e	a	e	.	.	.	.	.	.	.
.	.	.	.	.	s	e	.	.	.	.	.	.	.	.	.	.	.	.	.	.	.	.	.	.	.	.	.
.	.	.	.	.	e	r	.	.	.	.	.	.	.	.	.	.	.	.	.	.	.	.	.	.	.	.	.
.	.	.	.	.	t	b	.	.	.	.	.	.	.	.	.	.	.	.	.	.	.	.	.	.	.	.	.
.	.	.	.	.	e	c	e	.	.	.	.	.	.	.	.	.	.	.	.	.	.	.	.	.	.	.	.
.	.	.	.	.	a	.	h	r	.	.	.	.	.	.	.	.	.	.	.	.	.	.	s	.	.	.	.
.	.	.	.	.	e	.	.	e	i	.	.	.	.	.	.	.	.	.	.	.	.	.	c	.	.	.	.
.	.	.	.	.	c	.	.	.	l	d	.	.	.	.	.	.	.	.	.	.	.	.	r	.	.	.	.
.	.	.	.	.	a	.	.	.	.	l	a	.	.	.	.	.	.	.	.	.	.	.	o	.	.	.	.
.	.	.	.	.	g	.	.	.	.	e	a	c	.	.	.	.	.	.	.	.	.	.	p	.	.	.	.
.	.	.	.	.	a	.	.	.	.	a	.	n	e	.	.	.	.	.	.	.	.	.	h	.	.	.	.
.	.	.	.	.	r	.	.	.	.	e	.	.	t	a	.	.	.	.	.	.	.	.	u	.	.	.	.
.	.	.	.	.	a	.	.	.	.	c	.	.	.	h	e	.	.	.	.	.	.	.	l	.	.	.	.
.	.	.	.	.	p	.	.	.	.	a	.	.	.	.	a	.	.	.	.	.	.	.	a	.	.	.	.
.	.	.	.	.	s	.	.	.	.	h	.	.	.	.	.	c	.	.	.	.	.	r	.	.	.	.	.
.	.	.	.	.	a	.	.	.	.	p	.	.	.	.	.	.	e	.	.	.	i	.	.	.	.	.	.
.	.	.	.	.	.	.	e	.	.	y	.	.	.	.	.	.	.	a	.	.	a	.	.	.	.	.	.
.	.	.	.	.	.	a	.	.	.	t	.	.	.	.	.	.	.	e	.	c	.	.	.	.	.	.	.
.	.	.	.	.	.	e	.	.	.	.	.	.	.	.	.	.	.	e	.	.	.	.	.	.	.	.	.
.	.	.	.	.	c	.	.	.	.	.	.	.	.	.	.	.	a	.	.	.	.	.	.	.	.	.	.
.	.	.	.	a	.	.	.	.	.	.	.	.	.	.	.	e	.	.	.	.	.	.	.	.	.	.	.
.	.	.	n	.	.	.	.	.	.	.	.	.	.	.	.	.	.	.	.	.	.	.	.	.	.	.	.
.	.	i	.	.	.	.	p	e	t	e	r	m	a	n	n	i	a	c	e	a	e	.	.	.	.	.	.
.	p	.	.	.	.	.	.	.	.	.	.	.	.	.	.	.	.	.	.	.	.	.	.	.	.	.	.
.	.	.	.	.	.	.	.	.	.	.	.	.	.	.	.	.	.	.	.	.	.	.	.	.	.	.	.
.	.	.	.	.	.	.	.	.	.	.	.	.	.	.	.	.	.	.	.	.	.	.	.	.	.	.	.

❶ Posidoniaceae   ❷ Typhaceae   ❸ Setchellanthaceae
❹ Petermanniaceae   ❺ Scrophulariaceae   ❻ Pinaceae
❼ Cystodiaceae   ❽ Asparagaceae   ❾ Berberidaceae

PupiMix #18

> Familias de plantas

MokMu

Busca las palabras que se muestran en la siguiente lista:

1. Gomortegaceae
2. Loganiaceae
3. Psilotaceae
4. Trigoniaceae
5. Cyclanthaceae
6. Onocleaceae
7. Restionaceae
8. Vochysiaceae
9. Culcitaceae

pagina 18

⭐ **¿Quieres ver la solución?**
La solución está debajo, sólo tienes que
buscar la palabra que quieres encontrar.
Es tan simple como eso.

PupiMix #18

❯ Familias de plantas

													e	a	e	c	a	n	o	i	t	s	e	r		
										g	o	m	o	r	t	e	g	a	c	e	a	e				
	c																									
		u																								
			l																							
				c							o															
					i				n												v					
	l					t		o													o					
	o					a	c								e					c						
	g					l	c						a					h								
	a			e			e					e					y									
	n		a				a			c						s										
	i		c					e		a					i											
	a	e					t						a													
	c	a				o						c	c													
	e				l						y	e														
	a			i						c	a															
	e		s						l	e																
		p						a																		
							n																			
						t																				
					h																					
				a																						
t	r	i	g	o	n	i	a	c	e	a	e	c														
										e																
									a																	
								e																		

① Gomortegaceae ② Loganiaceae ③ Psilotaceae
④ Trigoniaceae ⑤ Cyclanthaceae ⑥ Onocleaceae
⑦ Restionaceae ⑧ Vochysiaceae ⑨ Culcitaceae

PupiMix #19

> Familias de plantas

MokMu

Busca las palabras que se muestran en la siguiente lista:

1. Portulacaceae
2. Balanophoraceae
3. Rhamnaceae
4. Lardizabalaceae
5. Menispermaceae
6. Salvadoraceae
7. Aphloiaceae
8. Cannaceae
9. Thismiaceae

pagina 19

⭐ **¿Quieres ver la solución?**
La solución está debajo, sólo tienes que
buscar la palabra que quieres encontrar.
Es tan simple como eso.

PupiMix #19

> Familias de plantas

.	.	.	.	.	.	.	.	.	.	.	.	.	.	.	.	.	.	.	.	.	.	.
.	.	.	.	.	.	.	.	.	.	.	.	.	.	.	.	.	.	.	.	.	.	.
.	.	.	p	o	r	t	u	l	a	c	a	c	e	a	e	.	.	.	.	.	.	.
.	.	.	.	.	.	.	e	.	.	.	.	.	.	.	.	.	.	.	.	.	.	.
.	.	.	.	.	.	.	a	.	.	.	.	.	.	.	.	.	r	.	t	.	.	.
.	.	.	.	.	.	.	e	.	.	.	.	.	.	h	.	h	.	.	.	.	.	.
.	e	.	.	.	.	.	.	c	.	.	.	.	a	.	i	.	.	.	.	.	.	.
.	a	.	.	.	.	.	.	a	.	.	.	m	.	s	.	.	.	.	.	.	.	.
.	e	.	.	.	.	.	.	r	.	n	.	m	.	.	.	.	.	.	.	.	.	.
.	c	.	.	.	.	.	.	.	o	a	.	i	.	.	.	.	.	.	.	.	.	.
.	a	.	.	.	.	e	.	.	.	c	d	a	.	.	.	.	.	.	.	.	.	.
.	n	.	.	.	a	.	e	.	.	e	.	c	a	.	.	.	.	.	.	.	.	.
.	n	.	.	.	e	.	a	.	a	.	e	.	v	.	.	.	.	.	.	.	.	.
.	a	.	.	.	c	.	e	e	.	a	.	.	.	l	.	.	.	.	.	.	.	.
.	c	.	.	.	a	.	c	.	e	.	.	.	.	a	.	.	.	.	.	.	.	.
.	.	.	.	.	m	.	a	.	.	.	.	.	.	.	s	.	.	.	.	.	.	.
.	.	.	.	.	r	.	r	.	.	.	.	.	.	.	.	.	.	.	.	.	.	.
.	.	.	.	.	e	.	o	.	.	.	.	.	.	.	.	.	.	.	.	.	.	.
.	.	.	.	.	p	.	h	.	.	.	.	.	.	.	.	.	.	.	.	.	.	.
.	.	.	.	.	s	.	p	.	.	.	.	.	.	.	.	.	.	.	.	.	.	.
.	.	.	.	.	i	.	o	.	.	.	.	.	.	.	.	.	.	.	.	.	.	.
.	.	.	.	.	n	.	n	.	.	.	.	.	.	.	.	.	.	.	.	.	.	.
.	.	.	.	.	e	.	a	.	.	a	p	h	l	o	i	a	c	e	a	e	.	.
.	.	.	.	.	m	.	l	.	.	.	.	.	.	.	.	.	.	.	.	.	.	.
.	.	.	.	.	.	.	a	.	.	.	.	.	.	.	.	.	.	.	.	.	.	.
.	.	.	.	.	.	.	b	l	a	r	d	i	z	a	b	a	l	a	c	e	a	e
.	.	.	.	.	.	.	.	.	.	.	.	.	.	.	.	.	.	.	.	.	.	.

❶ Portulacaceae   ❷ Balanophoraceae   ❸ Rhamnaceae
❹ Lardizabalaceae   ❺ Menispermaceae   ❻ Salvadoraceae
❼ Aphloiaceae   ❽ Cannaceae   ❾ Thismiaceae

PupiMix #20

> Familias de plantas

MokMu

Q Busca las palabras que se muestran en la siguiente lista:

pagina 20

1. Greyiaceae
2. Cyperaceae
3. Putranjivaceae
4. Clethraceae
5. Eupteleaceae
6. Drosophyllaceae
7. Eriocaulaceae
8. Gramineae
9. Annonaceae

⭐ **¿Quieres ver la solución?**
La solución está debajo, sólo tienes que
buscar la palabra que quieres encontrar.
Es tan simple como eso.

PupiMix #20

❯ Familias de plantas

.	.	.	.	.	.	.	.	.	.	.	.	.	.	.	.	.	.	.	.	.	.	.	.	.
.	.	.	.	e	.	.	.	.	.	.	.	.	.	.	.	.	.	.	.	.	.	.	.	.
.	.	g	.	.	a	.	.	.	.	.	.	.	.	.	.	.	.	.	.	.	.	.	.	.
.	.	r	.	.	.	e	.	.	.	.	.	.	.	.	.	.	.	.	.	.	.	.	.	.
.	.	a	.	.	.	.	c	.	.	.	.	.	.	.	.	.	.	e	.	.	.	.	.	.
.	.	m	.	.	.	.	.	a	.	.	.	.	.	.	.	a	.	.	.	.	.	.	.	.
.	.	i	.	.	.	.	.	.	v	.	.	.	.	.	e	.	.	.	.	.	.	.	.	.
.	.	n	.	.	e	a	e	c	a	i	y	e	r	g	c	.	.	.	.	.	.	.	.	.
.	.	e	.	.	.	.	.	.	.	j	.	.	a	.	.	.	.	.	.	.	.	.	.	.
.	.	a	.	.	.	.	.	.	n	l	.	.	.	.	.	e	.	.	.	.	.	.	.	.
.	.	e	.	.	.	.	.	.	l	a	.	.	.	a	.	a	.	.	.	.	.	.	.	.
.	.	.	.	.	.	.	y	.	.	r	.	.	n	.	.	e	.	.	.	.	.	.	.	.
.	.	.	.	.	.	h	.	.	.	t	n	.	.	.	c	.	.	.	.	.	.	.	.	.
.	.	.	.	.	p	.	e	.	.	.	o	u	.	.	a	.	.	.	.	.	.	.	.	.
.	.	.	.	o	.	.	u	.	n	.	.	p	.	r	.	.	.	.	.	.	.	.	.	.
.	.	.	s	.	.	.	p	a	.	.	.	.	e	.	.	.	.	.	.	.	.	.	.	.
.	.	.	.	o	.	.	t	c	.	.	.	.	p	.	.	.	.	.	.	.	.	.	.	.
.	.	r	.	.	.	.	e	.	.	.	.	y	.	.	.	.	.	.	.	.	.	.	.	.
.	d	.	.	.	a	l	.	.	.	.	c	.	.	.	.	.	.	.	.	.	.	.	.	.
.	.	.	.	e	.	e	.	.	.	.	.	.	.	.	.	.	.	.	.	.	.	.	.	.
.	.	.	.	a	.	.	.	.	.	.	.	.	.	.	.	.	.	.	.	.	.	.	.	.
.	.	.	.	c	.	.	.	.	.	.	.	.	.	.	.	.	.	.	.	.	.	.	.	.
.	.	.	e	r	i	o	c	a	u	l	a	c	e	a	e	.	.	.	.	.	.	.	.	.
.	.	.	a	.	e	a	e	c	a	r	h	t	e	l	c	.	.	.	.	.	.	.	.	.
.	.	.	e	.	.	.	.	.	.	.	.	.	.	.	.	.	.	.	.	.	.	.	.	.
.	.	.	.	.	.	.	.	.	.	.	.	.	.	.	.	.	.	.	.	.	.	.	.	.
.	.	.	.	.	.	.	.	.	.	.	.	.	.	.	.	.	.	.	.	.	.	.	.	.

❶ Greylaceae   ❷ Cyperaceae   ❸ Putranjivaceae
❹ Clethraceae   ❺ Eupteleaceae   ❻ Drosophyllaceae
❼ Eriocaulaceae   ❽ Gramineae   ❾ Annonaceae

PupiMix #21

> Familias de plantas

Busca las palabras que se muestran en la siguiente lista:

1. Burseraceae
2. Tetracarpaeaceae
3. Doryanthaceae
4. Coriariaceae
5. Barbeyaceae
6. Molluginaceae
7. Saururaceae
8. Penaeaceae
9. Nartheciaceae

⭐ **¿Quieres ver la solución?**
La solución está debajo, sólo tienes que
buscar la palabra que quieres encontrar.
Es tan simple como eso.

PupiMix #21

❯ Familias de plantas

❶ Burseraceae ❷ Tetracarpaeaceae ❸ Doryanthaceae
❹ Coriariaceae ❺ Barbeyaceae ❻ Molluginaceae
❼ Saururaceae ❽ Penaeaceae ❾ Nartheciaceae

PupiMix #22

> Familias de plantas

MokMu

Busca las palabras que se muestran en la siguiente lista:

pagina 22

1. Vitaceae
2. Campynemataceae
3. Magnoliaceae
4. Verbenaceae
5. Carlemanniaceae
6. Sphenocleaceae
7. Cephalotaceae
8. Anisophylleaceae
9. Labiatae

⭐ **¿Quieres ver la solución?**
La solución está debajo, sólo tienes que
buscar la palabra que quieres encontrar.
Es tan simple como eso.

PupiMix #22

› Familias de plantas

																v	e	r	b	e	n	a	c	e	a	e
.	.	.	.	.	.	.	.	.	.	.	.	.	.	.	.	.	.	.	.	.	.	.	.	c	.
.	.	.	.	.	l	.	.	.	.	.	.	.	.	.	.	.	.	.	.	.	.	.	.	a	.
.	.	.	.	.	a	.	.	.	.	.	.	.	.	.	.	.	.	.	.	.	.	.	.	r	.
.	.	.	m	.	.	b	.	.	.	.	.	.	.	.	.	.	.	.	.	.	.	.	.	l	.
e	.	.	.	.	a	.	i	.	s	.	.	.	.	.	.	.	.	.	.	.	.	.	.	e	.
a	.	.	.	.	.	g	.	a	.	p	.	.	.	.	.	.	.	.	.	.	.	.	.	m	.
e	.	.	.	.	.	.	n	.	t	.	h	.	.	.	.	.	.	.	.	.	.	.	.	a	.
c	.	.	.	.	.	.	.	o	.	a	.	e	.	.	.	.	.	.	.	.	.	.	.	n	.
a	.	.	.	.	.	.	.	.	l	.	e	.	n	.	.	.	.	.	.	.	.	.	.	n	.
e	.	.	.	.	.	.	.	.	.	i	.	.	.	o	.	.	.	.	.	.	.	.	.	i	.
l	.	.	.	.	.	.	.	.	.	a	.	.	.	c	.	.	.	.	.	.	.	e	.	a	.
l	.	.	.	.	.	.	.	.	.	.	c	.	.	.	.	l	.	.	.	.	.	a	.	c	.
y	.	.	.	.	.	.	.	.	.	.	.	e	.	.	.	e	.	.	.	.	.	e	.	e	.
h	.	.	.	.	.	.	.	.	.	.	.	.	.	a	.	.	.	a	.	.	.	c	.	a	.
p	v	i	t	a	c	e	a	e	.	.	.	.	.	.	e	.	.	.	c	.	.	a	.	e	.
o	.	.	.	.	.	.	.	.	.	.	.	.	.	.	.	.	.	.	.	.	.	e	t	.	.
s	.	.	.	.	.	.	.	.	.	.	.	.	.	.	.	.	.	.	.	.	.	a	.	.	.
i	.	c	e	p	h	a	l	o	t	a	c	e	a	e	.	.	.	.	.	.	m	e	.	.
n	.	.	.	.	.	.	.	.	.	.	.	.	.	.	.	.	.	.	.	.	.	e	.	.	.
a	.	.	.	.	.	.	.	.	.	.	.	.	.	.	.	.	.	.	.	.	.	n	.	.	.
.	.	.	.	.	.	.	.	.	.	.	.	.	.	.	.	.	.	.	.	.	.	y	.	.	.
.	.	.	.	.	.	.	.	.	.	.	.	.	.	.	.	.	.	.	.	.	.	p	.	.	.
.	.	.	.	.	.	.	.	.	.	.	.	.	.	.	.	.	.	.	.	.	.	m	.	.	.
.	.	.	.	.	.	.	.	.	.	.	.	.	.	.	.	.	.	.	.	.	.	a	.	.	.
.	.	.	.	.	.	.	.	.	.	.	.	.	.	.	.	.	.	.	.	.	.	c	.	.	.
.	.	.	.	.	.	.	.	.	.	.	.	.	.	.	.	.	.	.	.	.	.	.	.	.	.

❶ Vitaceae ❷ Campynemataceae ❸ Magnoliaceae
❹ Verbenaceae ❺ Carlemanniaceae ❻ Sphenocleaceae
❼ Cephalotaceae ❽ Anisophylleaceae ❾ Labiatae

PupiMix #23

> Familias de plantas

MokMu

Q Busca las palabras que se muestran en la siguiente lista:

pagina 23

1. Proteaceae
2. Centroplacaceae
3. Pontederiaceae
4. Hydrostachyaceae
5. Petenaeaceae
6. Oxalidaceae
7. Crypteroniaceae
8. Haemodoraceae
9. Sarraceniaceae

⭐ **¿Quieres ver la solución?**
La solución está debajo, sólo tienes que
buscar la palabra que quieres encontrar.
Es tan simple como eso.

PupiMix #23

❯ Familias de plantas

						c	r	y	p	t	e	r	o	n	i	a	c	e	a	e					
					h	c	e																		
					a	e		a																	
					e	n			e															e	
					m	t				c	p													a	
					o	r		o			a	o												e	
					d	o			x			i	n											c	
					o	p				a		n	t											a	
					r	l					l			e	e									e	
					a	a						i			c	d								a	
					c	c							d			a	e							n	
					e	a								a			r	r						e	
					a	c									c			r	i					t	
					e	e										e			a	a				e	
						a											a			s	c			p	
						e												e				e			
																							a		
																								e	
	e	a	e	c	a	y	h	c	a	t	s	o	r	d	y	h									
				p	r	o	t	e	a	c	e	a	e												

1. Proteaceae
2. Centroplacaceae
3. Pontederiaceae
4. Hydrostachyaceae
5. Petenaeaceae
6. Oxalidaceae
7. Crypteroniaceae
8. Haemodoraceae
9. Sarraceniaceae

PupiMix #24

> Familias de plantas

MokMu

Busca las palabras que se muestran en la siguiente lista:

pagina 24

1. Streptopoideae
2. Loranthaceae
3. Butomaceae
4. Euphroniaceae
5. Erythropalaceae
6. Hydrangeaceae
7. Xyridaceae
8. Cyrillaceae
9. Tetramelaceae

⭐ **¿Quieres ver la solución?**
La solución está debajo, sólo tienes que
buscar la palabra que quieres encontrar.
Es tan simple como eso.

PupiMix #24

> Familias de plantas

❶ Streptopoideae	❷ Loranthaceae	❸ Butomaceae
❹ Euphroniaceae	❺ Erythropalaceae	❻ Hydrangeaceae
❼ Xyridaceae	❽ Cyrillaceae	❾ Tetramelaceae

PupiMix #25

> Familias de plantas

MokMu

Busca las palabras que se muestran en la siguiente lista:

1. Blechnaceae
2. Marcgraviaceae
3. Plagiogyraceae
4. Chloranthaceae
5. Petiveriaceae
6. Pandaceae
7. Calyceraceae
8. Degeneriaceae
9. Wellstediaceae

pagina 25

⭐ **¿Quieres ver la solución?**
La solución está debajo, sólo tienes que
buscar la palabra que quieres encontrar.
Es tan simple como eso.

PupiMix #25

❯ Familias de plantas

						e																			
	w						a																		
		e						e																	
			l					c									p								
			l		e	a	e	c	a	n	h	c	e	l	b	l								
			s						d					a											
			t						n		g									p	m
				e						a	i								e	a
					d					o	p							t	r
					i		g									i	c
					a	y									v	g
		d				r	c								e	r
		e				a		e							r	a
		g			c			a						i	v
		e		e				e						a	i
		n	a											c	a
		e	e	e	a	e	c	a	h	t	n	a	r	o	l	h	c		e	c
		r				c	a	l	y	c	e	r	a	c	e	a	e	a	e
		i														e	a
		a													e
		c												
		e												
		a												
		e												

❶ Blechnaceae ❷ Marcgraviaceae ❸ Plagiogyraceae
❹ Chloranthaceae ❺ Petiveriaceae ❻ Pandaceae
❼ Calyceraceae ❽ Degeneriaceae ❾ Wellstediaceae

PupiMix #26

> Familias de plantas

MokMu

Busca las palabras que se muestran en la siguiente lista:

pagina 26

1. Eucommiaceae
2. Crossosomataceae
3. Vahliaceae
4. Iteaceae
5. Melanthiaceae
6. Viburnaceae
7. Dipteridaceae
8. Euphorbiaceae
9. Anacampserotaceae

⭐ **¿Quieres ver la solución?**
La solución está debajo, sólo tienes que
buscar la palabra que quieres encontrar.
Es tan simple como eso.

PupiMix #26

❯ Familias de plantas

1 Eucommiaceae   **2** Crossosomataceae   **3** Vahliaceae
4 Iteaceae   **5** Melanthiaceae   **6** Viburnaceae
7 Dipteridaceae   **8** Euphorbiaceae   **9** Anacampserotaceae

PupiMix #27

> Familias de plantas

MokMu

Busca las palabras que se muestran en la siguiente lista:

pagina 27

1. Mitrastemonaceae
2. Phellinaceae
3. Calycanthaceae
4. Pentaphylacaceae
5. Apiaceae
6. Linaceae
7. Lonchitidaceae
8. Cordiaceae
9. Asteropeiaceae

⭐ **¿Quieres ver la solución?**
La solución está debajo, sólo tienes que
buscar la palabra que quieres encontrar.
Es tan simple como eso.

PupiMix #27

> Familias de plantas

1 Mitrastemonaceae   **2** Phellinaceae   **3** Calycanthaceae
4 Pentaphylacaceae   **5** Apiaceae   **6** Linaceae
7 Lonchitidaceae   **8** Cordiaceae   **9** Asteropeiaceae

PupiMix #28

> Familias de plantas

MokMu

Busca las palabras que se muestran en la siguiente lista:

pagina 28

1. Nitrariaceae
2. Physenaceae
3. Polygonaceae
4. Erythroxylaceae
5. Gnetaceae
6. Macarthuriaceae
7. Kirkiaceae
8. Clusiaceae
9. Ebenaceae

¿Quieres ver la solución?

La solución está debajo, sólo tienes que
buscar la palabra que quieres encontrar.
Es tan simple como eso.

PupiMix #28

> Familias de plantas

1 Nitrariaceae **2** Physenaceae **3** Polygonaceae
4 Erythroxylaceae **5** Gnetaceae **6** Macarthuriaceae
7 Kirkiaceae **8** Clusiaceae **9** Ebenaceae

PupiMix #29

Familias de plantas

Busca las palabras que se muestran en la siguiente lista:

1. Anemiaceae
2. Stachyuraceae
3. Poaceae
4. Halophytaceae
5. Arecaceae
6. Asteroideae
7. Trimeniaceae
8. Alstroemeriaceae
9. Gerrardinaceae

★ ¿Quieres ver la solución?
La solución está debajo, sólo tienes que
buscar la palabra que quieres encontrar.
Es tan simple como eso.

PupiMix #29

❯ Familias de plantas

.	.	.	.	.	.	.	.	.	.	.	.	.	.	.	.	.	.	.	.	.	.	.	.
.	t	r	i	m	e	n	i	a	c	e	a	e	.	.	.	.	.	a	.	.	.	.	.
.	.	.	.	.	a	.	.	.	.	.	.	.	.	.	s	.	.	.	.	.	.	.	.
.	.	.	.	.	e	.	.	a	.	.	.	.	.	t	.	.	.	.	.	.	.	.	.
.	.	.	.	.	c	.	.	l	.	.	.	.	e	.	.	.	.	.	.	.	.	.	.
.	.	.	.	.	a	.	.	s	.	.	.	r	.	.	.	.	.	.	.	.	.	.	.
.	.	.	.	.	r	.	.	t	.	.	o	.	.	.	.	.	.	.	.	.	.	.	.
.	.	.	.	.	u	.	.	r	.	i	.	e	.	.	.	.	.	.	.	.	.	.	.
.	.	.	.	.	y	.	.	o	.	d	.	a	.	.	.	.	.	.	.	.	.	.	.
.	.	.	.	.	h	.	.	e	.	e	.	e	.	.	.	.	.	.	.	.	.	.	.
.	.	.	.	.	c	.	.	m	a	.	.	c	.	.	.	.	.	.	.	.	.	.	.
.	.	.	.	.	a	.	.	e	g	.	.	a	.	.	.	.	.	.	.	.	.	.	.
.	.	.	.	.	t	.	.	r	.	e	.	c	.	.	.	.	.	.	.	.	.	.	.
.	.	.	.	.	s	.	.	i	.	r	.	e	.	.	.	.	.	.	.	.	.	.	.
.	.	.	.	.	.	.	.	a	.	.	r	r	.	.	.	.	.	.	.	.	.	.	.
.	.	.	.	.	.	.	.	c	.	.	a	a	.	.	.	.	.	.	.	.	.	.	.
.	.	.	.	.	.	.	.	e	.	.	r	.	.	.	.	.	.	.	.	.	.	.	.
.	.	.	.	.	.	.	.	a	.	.	.	d	.	.	.	.	.	.	.	.	.	.	.
.	a	n	e	m	i	a	c	e	a	e	.	.	i	.	.	.	.	.	.	.	.	.	.
.	.	.	e	a	e	c	a	t	y	h	p	o	l	a	h	p	n	.	.	.	.	.	.
.	.	.	.	.	.	.	.	.	.	o	.	.	a	.	.	.	.	.	.	.	.	.	.
.	.	.	.	.	.	.	.	.	a	.	.	.	c	.	.	.	.	.	.	.	.	.	.
.	.	.	.	.	.	.	.	c	.	.	.	e	.	.	.	.	.	.	.	.	.	.	.
.	.	.	.	.	.	.	e	.	.	.	.	.	a	.	.	.	.	.	.	.	.	.	.
.	.	.	.	.	.	a	.	.	.	.	.	.	.	e	.	.	.	.	.	.	.	.	.
.	.	.	.	.	e	.	.	.	.	.	.	.	.	.	.	.	.	.	.	.	.	.	.
.	.	.	.	.	.	.	.	.	.	.	.	.	.	.	.	.	.	.	.	.	.	.	.

---

❶ Anemiaceae **❷** Stachyuraceae **❸** Poaceae
❹ Halophytaceae **❺** Arecaceae **❻** Asteroideae
❼ Trimeniaceae **❽** Alstroemeriaceae **❾** Gerrardinaceae

PupiMix #30

> Familias de plantas

MokMu

Q Busca las palabras que se muestran en la siguiente lista:

pagina 30

1. Gleicheniaceae
2. Rubiaceae
3. Heliotropiaceae
4. Thurniaceae
5. Velloziaceae
6. Hydrocharitaceae
7. Musaceae
8. Curtisiaceae
9. Taccaceae

⭐ **¿Quieres ver la solución?**
La solución está debajo, sólo tienes que
buscar la palabra que quieres encontrar.
Es tan simple como eso.

PupiMix #30

❯ Familias de plantas

											t	g	l	e	i	c	h	e	n	i	a	c	e	a	e
									a														
							c															
					c									e							
				a							a							
			c						e							
		e	e					c					e			
	a		a				a					a			
e				e			t					e			
			c		i						c			
			a	r	.	m	u	s	a	c	e	a	e	.	a		
			a	i							i			
		h		p					s		r
	c			o				i	e		u
	o			r			t	a		b
	r			t			r	e		i
d				o			u	c		a
y			i			c	a	.	c
h				l		i		e
			e			z		a
		h		o		e
t	h	u	r	n	i	a	c	e	a	e	.		l
										l
								e
							v

❶ Gleicheniaceae **❷** Rubiaceae **❸** Heliotropiaceae
❹ Thurniaceae **❺** Velloziaceae **❻** Hydrocharitaceae
❼ Musaceae **❽** Curtisiaceae **❾** Taccaceae

PupiMix #31
> Familias de plantas

MokMu

Busca las palabras que se muestran en la siguiente lista:

1. Aizoaceae
2. Ecdeiocoleaceae
3. Capparaceae
4. Tetrachondraceae
5. Cardiopteridaceae
6. Opiliaceae
7. Pyroloideae
8. Calochortoideae
9. Phyllonomaceae

pagina 31

⭐ **¿Quieres ver la solución?**
La solución está debajo, sólo tienes que
buscar la palabra que quieres encontrar.
Es tan simple como eso.

PupiMix #31

❯ Familias de plantas

						e																						
							a																					
								e																				
								c	c							a	i	z	o	a	c	e	a	e		
							e		a	a																	
	e						a	e		p	m																
	c						e		a		p	o															
	d						c			e		a	n														
	e						a	e			c		r	o													
	i						d	a				a		a	l												
	o						i	e					i		c	l											
	c						r	d						l		e	y										
	o						e	i							i		a	h									
	l						t	o							p		e	p									
	e						p	t								o											
	a						o	r																			
	c						i	o																			
	e						d	h																			
	a						r	c																			
	e						a	o																			
							c	l																			
								a																			
								c																			
									p	y	r	o	l	o	i	d	e	a	e						
								e	a	e	c	a	r	d	n	o	h	c	a	r	t	e	t	

❶ Aizoaceae ❷ Ecdeiocoleaceae ❸ Capparaceae
❹ Tetrachondraceae ❺ Cardiopteridaceae ❻ Opiliaceae
❼ Pyroloideae ❽ Calochortoideae ❾ Phyllonomaceae

PupiMix #32

> Familias de plantas

MokMu

Q Busca las palabras que se muestran en la siguiente lista:

pagina 32

1. Basellaceae
2. Picramniaceae
3. Dirachmaceae
4. Altingiaceae
5. Tovariaceae
6. Dryopteridaceae
7. Barbeuiaceae
8. Neuradaceae
9. Apodanthaceae

⭐ **¿Quieres ver la solución?**
La solución está debajo, sólo tienes que
buscar la palabra que quieres encontrar.
Es tan simple como eso.

PupiMix #32

❯ Familias de plantas

.	.	.	.	.	.	.	.	.	.	.	.	.	.	.	.	.	.	.	.	.	.	.	.	.	.	.	.
.	.	.	e	a	e	c	a	i	u	e	b	r	a	b	.	.	.	.	.	.	.	.	.	.	.	.	.
.	.	.	.	.	.	.	.	.	.	.	.	.	.	.	.	.	.	.	.	.	.	.	.	.	.	.	.
.	.	.	.	.	.	.	.	.	.	.	.	.	.	.	.	.	.	.	.	.	.	.	.	.	.	.	.
.	.	.	.	.	.	.	.	.	.	.	.	.	.	.	.	.	.	.	.	.	.	.	.	.	.	.	.
.	.	.	.	.	.	.	.	.	a	l	t	i	n	g	i	a	c	e	a	e	.	.	.	.	.	.	.
.	.	.	.	.	.	.	a	.	.	.	.	.	.	.	.	.	.	.	.	.	.	.	.	.	.	.	.
.	.	.	.	t	.	.	p	e	a	e	c	a	l	l	e	s	a	b	.	.	.	.	.	.	.	.	.
.	.	.	.	o	.	.	o	.	.	.	.	.	.	.	.	.	.	.	.	.	.	.	.	.	.	.	.
.	.	.	p	v	.	.	.	d	.	.	.	.	.	.	.	.	.	.	.	.	.	.	.	.	.	.	.
.	.	.	i	a	.	.	e	.	a	.	.	.	.	.	.	.	.	.	.	.	.	.	.	.	.	.	.
.	.	.	c	r	.	.	a	.	n	.	.	d	.	.	.	.	.	.	.	.	.	.	.	.	.	.	.
.	.	.	r	i	.	.	.	.	e	.	t	r	.	.	.	.	.	.	.	e	.	.	.	.	.	.	.
.	.	.	a	a	.	.	.	.	c	y	h	.	.	.	.	.	.	a	.	.	.	.	.	.	.	.	.
.	.	.	m	c	.	.	.	o	a	.	a	.	.	.	.	.	.	e	.	.	.	.	.	.	.	.	.
.	.	.	n	e	.	.	p	.	m	.	c	.	.	.	.	.	.	c	.	.	.	.	.	.	.	.	.
.	.	.	i	a	.	.	t	.	.	.	h	.	e	.	.	.	.	a	.	.	.	.	.	.	.	.	.
.	.	.	a	e	.	.	e	.	.	.	.	c	.	a	.	.	.	d	.	.	.	.	.	.	.	.	.
.	.	.	c	.	.	r	.	.	.	.	.	.	a	.	e	.	.	a	.	.	.	.	.	.	.	.	.
.	.	.	e	.	.	i	.	.	.	.	.	.	.	r	.	.	r	.	.	.	.	.	.	.	.	.	.
.	.	.	a	.	d	.	.	.	.	.	.	.	i	.	.	u	.	.	.	.	.	.	.	.	.	.	.
.	.	.	e	a	.	.	.	.	.	.	.	d	e	.	.	.	.	.	.	.	.	.	.	.	.	.	.
.	.	c	.	.	.	.	.	.	.	.	.	.	n	.	.	.	.	.	.	.	.	.	.	.	.	.	.
.	.	e	.	.	.	.	.	.	.	.	.	.	.	.	.	.	.	.	.	.	.	.	.	.	.	.	.
.	a	.	.	.	.	.	.	.	.	.	.	.	.	.	.	.	.	.	.	.	.	.	.	.	.	.	.
e	.	.	.	.	.	.	.	.	.	.	.	.	.	.	.	.	.	.	.	.	.	.	.	.	.	.	.
.	.	.	.	.	.	.	.	.	.	.	.	.	.	.	.	.	.	.	.	.	.	.	.	.	.	.	.

---

❶ Basellaceae ❷ Picramniaceae ❸ Dirachmaceae
❹ Altingiaceae ❺ Tovariaceae ❻ Dryopteridaceae
❼ Barbeuiaceae ❽ Neuradaceae ❾ Apodanthaceae

PupiMix #33

> Familias de plantas

Busca las palabras que se muestran en la siguiente lista:

1. Cercidiphyllaceae
2. Brassicaceae
3. Ctenolophonaceae
4. Rhipogonaceae
5. Phyllanthaceae
6. Joinvilleaceae
7. Podostemaceae
8. Schisandraceae
9. Fabaceae

⭐ **¿Quieres ver la solución?**
La solución está debajo, sólo tienes que
buscar la palabra que quieres encontrar.
Es tan simple como eso.

PupiMix #33

❯ Familias de plantas

.	.	.	.	.	.	.	.	.	.	.	.	.	.	.	.	.	.	.	.	.	.	.	.	.
.	.	.	.	.	.	.	.	.	.	.	.	.	.	.	.	.	.	.	.	.	.	.	.	.
.	.	.	.	.	.	.	.	.	.	j	.	.	.	.	.	.	.	.	.	.	.	.	.	.
.	.	.	.	.	.	.	.	.	o	.	.	.	.	.	.	.	.	.	.	.	.	.	.	.
.	.	.	.	.	.	.	.	i	.	.	.	.	.	.	.	.	.	.	.	.	.	.	.	.
.	.	.	.	.	.	.	n	.	.	.	.	.	.	.	.	.	.	.	.	.	.	.	.	.
e	a	e	c	a	m	e	t	s	o	d	o	p	.	.	v	.	.	.	.	.	.	.	.	.
.	.	.	p	.	.	.	.	.	.	.	.	.	.	i	.	.	.	.	e	.	.	.	.	.
.	.	.	h	.	.	.	.	.	.	.	.	.	l	.	.	a	.	.	.	.	.	.	.	.
.	.	.	y	.	.	.	.	.	.	.	.	.	l	e	.	.	.	.	.	.	.	.	.	.
.	.	.	l	r	h	i	p	o	g	o	n	a	c	e	a	e	c	e	.	.	.	.	.	.
.	.	.	l	.	.	.	.	.	.	.	.	a	.	.	a	.	.	.	.	.	.	.	.	.
e	.	.	a	.	.	.	.	.	.	.	n	.	.	.	.	c	.	.	.	.	.	.	.	.
a	.	.	n	.	.	.	.	.	.	o	.	e	.	.	.	.	e	.	.	.	.	.	.	.
e	.	.	t	.	.	.	.	f	.	h	.	a	.	.	.	.	.	a	.	.	.	.	.	.
c	.	.	h	.	.	.	.	a	.	p	.	.	e	.	.	.	.	.	e	.	.	.	.	e
a	.	.	a	.	.	.	b	.	o	.	.	.	c	.	.	.	.	.	.	.	.	.	.	.
r	.	.	c	.	.	a	.	l	.	.	.	.	a	.	.	.	.	.	.	.	.	.	.	.
d	.	.	e	.	.	c	.	o	.	.	.	.	c	.	.	.	.	.	.	.	.	.	.	.
n	.	.	a	.	e	.	n	.	.	.	.	.	i	.	.	.	.	.	.	.	.	.	.	.
a	.	.	e	.	a	.	e	.	.	.	.	.	s	.	.	.	.	.	.	.	.	.	.	.
s	.	.	.	e	.	t	.	.	.	.	.	.	s	.	.	.	.	.	.	.	.	.	.	.
i	.	.	.	c	.	.	.	.	.	.	.	.	a	.	.	.	.	.	.	.	.	.	.	.
h	.	.	.	.	.	.	.	.	.	.	.	.	r	.	.	.	.	.	.	.	.	.	.	.
c	.	.	.	.	.	.	.	.	.	.	.	.	b	.	.	.	.	.	.	.	.	.	.	.
s	.	.	.	.	.	.	.	.	.	.	.	.	.	.	.	.	.	.	.	.	.	.	.	.
.	.	.	.	.	.	.	c	e	r	c	i	d	i	p	h	y	l	l	a	c	e	a	e	.

1 Cercidiphyllaceae   **2** Brassicaceae   **3** Ctenolophonaceae
4 Rhipogonaceae   **5** Phyllanthaceae   **6** Joinvilleaceae
7 Podostemaceae   **8** Schisandraceae   **9** Fabaceae

PupiMix #34

> Familias de plantas

MokMu

Busca las palabras que se muestran en la siguiente lista:

pagina 34

1. Hanguanaceae
2. Cannabaceae
3. Bromeliaceae
4. Papaveraceae
5. Montiaceae
6. Aponogetonaceae
7. Paracryphiaceae
8. Thymelaeaceae
9. Dasypogonaceae

⭐ **¿Quieres ver la solución?**
La solución está debajo, sólo tienes que
buscar la palabra que quieres encontrar.
Es tan simple como eso.

PupiMix #34

❯ Familias de plantas

❶ Hanguanaceae   ❷ Cannabaceae   ❸ Bromeliaceae
❹ Papaveraceae   ❺ Montiaceae   ❻ Aponogetonaceae
❼ Paracryphiaceae   ❽ Thymelaeaceae   ❾ Dasypogonaceae

PupiMix #35

> Familias de plantas

MokMu

Q Busca las palabras que se muestran en la siguiente lista:

1. Chrysobalanaceae
2. Myodocarpaceae
3. Malpighiaceae
4. Marattiaceae
5. Tapisciaceae
6. Caryocaraceae
7. Peltantheraceae
8. Cytinaceae
9. Urticaceae

pagina 35

⭐ **¿Quieres ver la solución?**
La solución está debajo, sólo tienes que
buscar la palabra que quieres encontrar.
Es tan simple como eso.

PupiMix #35

> Familias de plantas

.	.	.	.	.	.	.	.	.	.	.	.	.	.	.	.	.	.	.	.	.	.	.	.	.
.	m	a	r	a	t	t	i	a	c	e	a	e	.	.	.	.	.	.	.	.	.	.	.	.
.	.	.	.	.	.	.	.	.	.	.	.	.	.	.	.	.	.	.	.	.	.	.	.	.
.	.	.	.	.	.	.	.	.	e	a	e	c	a	r	e	h	t	n	a	t	l	e	p	.
.	.	c	h	r	y	s	o	b	a	l	a	n	a	c	e	a	e	.	.	.	.	.	.	.
.	.	.	.	.	.	.	.	.	.	.	c	.	.	.	.	.	.	.	.	.	.	.	.	.
.	.	.	.	.	.	.	.	e	m	.	y	.	.	.	.	.	.	.	.	.	.	.	.	.
.	.	.	.	.	.	.	a	a	.	.	t	.	.	.	.	.	.	.	.	.	.	.	.	.
.	.	.	.	.	.	e	l	.	.	.	i	.	.	.	.	.	.	.	.	.	.	.	.	.
.	.	.	.	.	.	c	p	.	.	.	n	.	.	.	.	.	e	c	.	.	.	.	.	.
.	.	.	.	.	a	i	.	.	.	.	a	.	.	.	.	.	a	.	.	.	.	.	.	.
.	.	.	.	c	g	e	.	.	.	.	c	.	.	.	.	r	e	.	.	.	.	.	.	.
.	.	.	i	h	.	a	.	.	.	.	e	.	.	.	y	.	c	.	.	.	.	.	.	.
.	.	.	t	i	.	e	.	.	.	a	.	.	.	o	.	.	a	.	.	.	.	.	.	.
.	.	r	a	.	.	c	.	.	.	e	.	.	c	.	.	.	i	.	.	.	.	.	.	.
.	.	u	c	.	.	.	a	.	.	.	.	a	.	.	.	.	c	.	.	.	.	.	.	.
.	.	e	.	.	.	.	p	.	.	.	r	.	.	.	.	.	s	.	.	.	.	.	.	.
.	a	.	.	.	.	.	r	.	.	a	.	.	.	.	.	.	i	.	.	.	.	.	.	.
e	.	.	.	.	.	.	a	.	c	.	.	.	.	.	.	.	p	.	.	.	.	.	.	.
.	.	.	.	.	.	.	c	.	.	e	.	.	.	.	.	.	a	.	.	.	.	.	.	.
.	.	.	.	.	.	.	o	.	a	.	.	.	.	.	.	.	t	.	.	.	.	.	.	.
.	.	.	.	.	.	.	d	e	.	.	.	.	.	.	.	.	.	.	.	.	.	.	.	.
.	.	.	.	.	.	.	o	.	.	.	.	.	.	.	.	.	.	.	.	.	.	.	.	.
.	.	.	.	.	.	.	y	.	.	.	.	.	.	.	.	.	.	.	.	.	.	.	.	.
.	.	.	.	.	.	.	m	.	.	.	.	.	.	.	.	.	.	.	.	.	.	.	.	.
.	.	.	.	.	.	.	.	.	.	.	.	.	.	.	.	.	.	.	.	.	.	.	.	.
.	.	.	.	.	.	.	.	.	.	.	.	.	.	.	.	.	.	.	.	.	.	.	.	.

❶ Chrysobalanaceae ❷ Myodocarpaceae ❸ Malpighiaceae
❹ Marattiaceae ❺ Tapisciaceae ❻ Caryocaraceae
❼ Peltantheraceae ❽ Cytinaceae ❾ Urticaceae

PupiMix #36

> Familias de plantas

MokMu

Q Busca las palabras que se muestran en la siguiente lista:

pagina 36

1. Maundiaceae
2. Tamaricaceae
3. Loasaceae
4. Dipterocarpaceae
5. Actinidiaceae
6. Calceolariaceae
7. Gyrostemonaceae
8. Malvaceae
9. Simaroubaceae

⭐ **¿Quieres ver la solución?**
La solución está debajo, sólo tienes que
buscar la palabra que quieres encontrar.
Es tan simple como eso.

PupiMix #36

❯ Familias de plantas

																	c						
																a							
															l								
					s								c	a									
						i						e		c									
							m				o			t									
							a			l				i									
	t	m						r	a				n										
	a	a						r	o				i										
	m	l					i		u			d											
	a	v			a				b			i											
	r	a			c					a		a											
	i	c		e						c	c												
	c	e	a				e				e												
	a	a	e			a				a	a												
	c	e			e					e	e												
	e			e	a	e	c	a	i	d	n	u	a	m									
	a			a																			
	e		s																				
			a																				
		o																					
	l																						
					g	y	r	o	s	t	e	m	o	n	a	c	e	a	e				
	e	a	e	c	a	p	r	a	c	o	r	e	t	p	i	d						

❶ Maundiaceae   ❷ Tamaricaceae   ❸ Loasaceae
❹ Dipterocarpaceae   ❺ Actinidiaceae   ❻ Calceolariaceae
❼ Gyrostemonaceae   ❽ Malvaceae   ❾ Simaroubaceae

PupiMix #37

> Familias de plantas

MokMu

Busca las palabras que se muestran en la siguiente lista:

1. Simmondsiaceae
2. Plantaginaceae
3. Colchicaceae
4. Hypoxidaceae
5. Juncaceae
6. Dipentodontaceae
7. Taxaceae
8. Acoraceae
9. Zygophyllaceae

pagina 37

⭐ **¿Quieres ver la solución?**
La solución está debajo, sólo tienes que
buscar la palabra que quieres encontrar.
Es tan simple como eso.

PupiMix #37

❯ Familias de plantas

		t	a	x	a	c	e	a	e															
	d		z			e	a	e	c	a	i	s	d	n	o	m	m	i	s					
		i		y																				
			p		g																			
				e		o																		
					n		p																	
				e		t		h							j								
					a		o		y						u								
		p				e		d		l					n								
		l					c		o		l					c								
		a						a		n		a				a								
e		n						c		t		c				c								
a		t							i		a		e		e								
e		a								h		c		a	a								
c		g									c		e		e								
a		i										l		a									
r		n											o		e								
o		a										c												
c		c																						
a		e																						
		a																						
		e																						
								h	y	p	o	x	i	d	a	c	e	a	e					

① Simmondsiaceae   ② Plantaginaceae   ③ Colchicaceae
④ Hypoxidaceae   ⑤ Juncaceae   ⑥ Dipentodontaceae
⑦ Taxaceae   ⑧ Acoraceae   ⑨ Zygophyllaceae

PupiMix #38

> Familias de plantas

MokMu

Busca las palabras que se muestran en la siguiente lista:

1. Muntingiaceae
2. Plocospermataceae
3. Equisetaceae
4. Talinaceae
5. Kasicarpaceae
6. Zosteraceae
7. Elaeocarpaceae
8. Ranunculaceae
9. Philesiaceae

pagina 38

⭐ **¿Quieres ver la solución?**
La solución está debajo, sólo tienes que
buscar la palabra que quieres encontrar.
Es tan simple como eso.

PupiMix #38

❯ Familias de plantas

.	.	.	.	.	.	.	.	.	.	.	.	.	.	.	.	.	.	.	.	.	.	.	.	.
.	.	.	.	.	.	.	.	.	.	.	.	.	.	.	.	.	.	.	.	.	.	.	.	.
.	.	.	.	.	.	.	p	.	.	.	.	.	.	.	.	.	.	.	.	.	.	.	.	.
.	.	.	.	.	e	.	h	.	.	.	.	.	.	.	.	.	.	.	.	.	.	.	.	.
.	.	.	e	.	a	.	i	.	.	.	.	.	.	.	.	.	.	.	.	.	.	.	.	.
.	e	.	a	.	e	.	l	.	.	.	.	.	.	.	.	.	.	.	.	.	.	.	.	.
.	a	.	e	.	c	.	e	.	.	.	.	.	r	.	.	.	.	.	.	.	.	.	.	.
p	e	.	c	.	a	.	s	.	.	.	.	a	.	.	.	.	.	.	.	.	.	.	.	.
l	c	.	.	a	.	t	.	i	.	.	.	n	.	.	.	.	.	.	.	.	.	.	.	.
o	a	.	.	.	r	.	e	.	a	.	.	u	.	.	.	.	.	.	.	.	.	.	.	.
c	p	.	.	e	.	s	.	c	.	.	n	.	.	.	.	.	.	.	.	.	.	.	.	.
o	r	.	.	.	t	.	i	.	e	.	c	.	.	.	.	.	.	.	.	.	.	.	.	.
s	a	.	.	.	s	.	u	.	a	.	u	.	.	.	.	.	.	.	.	.	.	.	.	.
p	c	.	.	.	.	o	.	q	.	e	l	.	.	.	.	.	.	.	.	.	.	.	.	.
e	i	.	.	.	.	z	.	e	.	a	.	.	.	.	.	.	.	.	.	.	.	.	.	.
r	s	.	.	.	.	.	.	.	c	.	.	.	.	.	.	.	.	.	.	.	.	.	.	.
m	a	.	.	.	.	.	.	.	e	.	.	.	.	.	.	.	.	.	.	.	.	.	.	.
a	k	.	.	m	u	n	t	i	n	g	i	a	c	e	a	e	a	.	.	.	.	.	.	.
t	.	.	.	.	.	.	.	.	.	.	.	.	.	e	.	.	.	.	.	.	.	.	.	.
a	.	.	.	.	.	.	.	.	.	.	.	.	.	.	.	.	.	.	.	.	.	.	.	.
c	.	.	.	.	.	.	.	.	.	.	.	.	.	.	.	.	.	.	.	.	.	.	.	.
e	.	.	.	.	.	.	e	a	e	c	a	n	i	l	a	t	.	.	.	.	.	.	.	.
a	.	.	.	.	.	.	.	.	.	.	.	.	.	.	.	.	.	.	.	.	.	.	.	.
e	.	.	.	.	.	.	.	.	.	.	.	.	.	.	.	.	.	.	.	.	.	.	.	.
.	.	.	.	.	.	.	.	.	.	.	.	.	.	.	.	.	.	.	.	.	.	.	.	.
.	.	.	.	.	.	.	.	.	.	.	.	.	.	.	.	.	.	.	.	.	.	.	.	.
.	.	.	e	a	e	c	a	p	r	a	c	o	e	a	l	e	.	.	.	.	.	.	.	.

❶ Muntingiaceae   ❷ Plocospermataceae   ❸ Equisetaceae
❹ Talinaceae   ❺ Kasicarpaceae   ❻ Zosteraceae
❼ Elaeocarpaceae   ❽ Ranunculaceae   ❾ Philesiaceae

PupiMix #39

> Familias de plantas

MokMu

Q Busca las palabras que se muestran en la siguiente lista:

1. Boryaceae
2. Sphaerosepalaceae
3. Heliconiaceae
4. Lepidobotryaceae
5. Penthoraceae
6. Lythraceae
7. Rosaceae
8. Coulaceae
9. Ericaceae

⭐ **¿Quieres ver la solución?**
La solución está debajo, sólo tienes que
buscar la palabra que quieres encontrar.
Es tan simple como eso.

PupiMix #39

› Familias de plantas

			l	e	p	i	d	o	b	o	t	r	y	a	c	e	a	e						
		p																						
		e																						
		n							b	o	r	y	a	c	e	a	e						
		t																						
		h														e			s				
		o												a				p					
		r										e					h						
		a									c						a						
		c						h		a					e	e							
		e				e			r					r	r								
		a				l		h				i			o								
		e			i		t				c			s									
				c		y				a			e										
			o		l			c		c		p											
			n				e		o		a												
		i				a			u		l												
	a				e			l		a													
	c						a		c														
	e						c		e														
a	e	a	e	c	a	s	o	r			e		a										
e										a		e												
									e															

① Boryaceae   **②** Sphaerosepalaceae   **③** Heliconiaceae

④ Lepidobotryaceae   **⑤** Penthoraceae   **⑥** Lythraceae

⑦ Rosaceae   **⑧** Coulaceae   **⑨** Ericaceae

PupiMix #40

> Familias de plantas

MokMu

e	b	w	p	o	d	o	c	a	r	p	a	c	e	a	e	s	t	b	f	k	h	k	g	y
i	c	b	m	z	n	j	z	o	u	b	f	d	j	c	w	l	h	j	k	y	n	b	e	d
p	y	n	o	m	n	y	m	v	l	s	o	f	o	r	c	v	h	f	b	b	v	l	j	x
t	j	a	c	r	s	w	a	v	q	w	o	t	f	i	r	p	d	r	k	m	q	l	g	t
e	x	l	a	f	a	q	z	ñ	h	g	k	q	s	z	c	p	n	a	s	a	m	h	p	o
k	t	l	e	r	n	u	e	d	p	v	z	t	f	n	d	j	l	p	v	a	v	n	j	t
y	m	i	u	h	x	l	n	r	s	f	a	l	i	t	e	m	j	o	v	j	j	c	s	e
q	x	b	ñ	l	d	v	o	u	z	c	e	g	x	l	d	x	n	t	r	r	g	q	a	o
d	d	d	e	w	w	i	a	p	e	h	o	o	n	z	q	q	r	j	h	t	e	n	r	w
e	c	ñ	e	p	l	g	y	a	q	u	d	s	b	q	u	q	i	s	h	l	a	n	b	u
a	x	v	b	k	j	j	e	n	p	r	ñ	a	e	m	q	k	t	o	q	w	e	m	a	w
p	c	l	i	o	i	i	a	i	b	v	j	j	k	q	g	y	m	h	e	n	c	j	i	c
k	m	e	z	p	n	b	a	m	x	t	g	g	h	a	d	a	d	o	s	a	a	y	c	i
f	m	a	f	y	j	c	d	m	t	e	u	p	ñ	g	n	t	h	k	t	l	r	t	a	v
j	i	e	z	t	e	z	a	k	l	k	k	c	u	d	g	r	o	y	ñ	z	d	w	r	k
a	v	c	t	a	e	a	e	c	a	i	t	d	e	a	t	s	n	n	e	d	y	k	p	f
i	n	a	e	d	o	k	e	a	e	c	a	r	u	n	o	m	e	t	s	b	l	u	a	u
b	g	x	r	m	a	f	o	u	q	k	s	w	k	s	f	l	i	s	o	k	i	d	c	b
m	r	i	a	e	y	m	b	h	y	i	h	h	f	g	i	z	n	m	q	s	h	f	e	v
z	o	b	n	i	b	k	z	z	a	a	ñ	g	j	j	g	y	x	s	m	e	i	p	r	a	o
d	t	e	s	s	t	i	ñ	c	h	t	p	h	v	k	m	z	g	t	p	ñ	s	d	e	r
k	t	c	u	m	n	v	e	c	ñ	t	m	c	x	b	e	x	s	q	ñ	k	y	f	i	l
u	t	a	u	p	v	a	i	j	m	t	t	u	o	b	w	f	s	w	b	t	j	u	k	c
i	k	o	c	d	e	d	v	o	ñ	ñ	p	i	e	w	j	g	j	p	e	g	y	j	t	f
h	t	o	j	t	s	l	w	r	x	f	b	l	t	h	q	z	v	s	e	d	g	j	j	o
f	w	z	ñ	e	j	s	s	e	u	j	p	y	y	z	p	e	k	v	o	b	v	b	d	r
q	v	v	u	b	x	g	m	j	p	t	v	d	l	e	f	u	w	p	w	j	z	c	ñ	l

🔍 Busca las palabras que se muestran en la siguiente lista:

pagina 40

1. Dennstaedtiaceae
2. Bixaceae
3. Goupiaceae
4. Stemonuraceae
5. Sarbaicarpaceae
6. Thomandersiaceae
7. Podocarpaceae
8. Philydraceae
9. Cistaceae

⭐ **¿Quieres ver la solución?**
La solución está debajo, sólo tienes que
buscar la palabra que quieres encontrar.
Es tan simple como eso.

PupiMix #40

❯ Familias de plantas

1. Dennstaedtiaceae
2. Bixaceae
3. Goupiaceae
4. Stemonuraceae
5. Sarbaicarpaceae
6. Thomandersiaceae
7. Podocarpaceae
8. Philydraceae
9. Cistaceae

PupiMix #41
> Familias de plantas

MokMu

```
e t ñ t q z n t y k h k c p z k k v r u p x d b m
h t s ñ s f e z y w r d j i s a s d c s x q f m g
n j x c w r a a a j o d h z p p v ñ t o c j o n t
d p n r y r l e m d q v c o o g q r l w d i e d o
a ñ y q u b p a n m k e p x y m o r o o p l y w r
o n p j z n r h v o e w p p v p m p q p v i n m q r
y l i p q e c k f o l a j z b l v o f j b b s o i
j o p b z z b ñ i o ñ k e o p c i v w u l n ñ c c
t k e u r f r e w w u v s c e r i k r h s x x j e
g z r z z f r l w s c i v y a n m m c q f ñ p h l
e n a e m y r h x p a h o t t t a u r k w r a f l
w d c a u f q w p c v w x j g n s j m p a a v w i
c b e l f i l x e w i w e l n y i o j l k l k b a
a c a t p m r a w n t z n i g e b p c q o r g u c
f k e r g s e l u d v s a o r e b v u n r j o m e
j q q f o e z e g k i c y m l q c l d g p y c o a
a c s m o h q a v p e s ñ e z o u y e p v l o o e
p p p j h c w w m h a j g k g h m h i h m z f f f o
a s y k e b z l e e a e c a d n a l g u j m ñ s p
k c q o o i k a p h a n o p e t a l a c e a e d i
l u w w v d s p x e w n o v e x m k p a c e j w i
y l s l q o u b i k c l f t p w s ñ f o u y q m a
d d r p w t m h n b y a e d n l q u s b e a y p f
b k l m b g d q k h h w t w m q d i j n z ñ x t t
ñ p s z e h ñ s j q y ñ ñ z w h ñ p z p d x f h m
c l j a t n q m m n i c v h p i m u e ñ g j t y s
ñ m e a e c a i g n i w l e h c v u y a ñ l x e h
```

Q Busca las palabras que se muestran en la siguiente lista:

1. Juglandaceae
2. Palmae
3. Strombosiaceae
4. Aphanopetalaceae
5. Piperaceae
6. Costaceae
7. Helwingiaceae
8. Torricelliaceae
9. Burmanniaceae

pagina 41

⭐ **¿Quieres ver la solución?**
La solución está debajo, sólo tienes que
buscar la palabra que quieres encontrar.
Es tan simple como eso.

PupiMix #41

❯ Familias de plantas

.	.	.	.	.	.	.	.	.	.	.	.	.	.	.	.	.	.	.	.	.	.	.	.	.	.	.
.	.	.	.	.	.	.	.	.	.	.	.	.	.	.	.	.	.	s	.	.	.	.	.	.	.	.
.	.	.	.	.	.	.	.	.	.	.	.	.	.	.	.	.	t	.	.	.	.	.	.	t		
.	.	.	.	.	.	.	.	.	.	.	.	.	.	.	.	r	.	.	.	.	.	.	o			
.	.	.	.	.	.	.	.	.	.	.	.	.	.	o	.	.	.	.	.	.	.	r				
.	.	p	.	.	.	.	.	.	e	.	.	.	.	m	.	.	.	.	.	.	r					
.	.	i	.	.	.	.	.	a	.	.	b	.	.	.	.	.	b	.	.	.	i					
.	.	p	.	.	.	.	.	.	e	o	.	.	.	.	.	u	.	.	.	.	c					
.	.	e	.	.	.	.	.	s	c	.	.	.	.	r	.	.	.	.	.	.	e					
.	.	r	.	.	.	.	i	.	.	a	.	.	m	.	.	.	.	.	.	l						
.	.	a	.	.	.	a	.	.	.	t	a	.	.	.	.	.	.	.	l							
.	.	c	.	.	.	.	c	.	.	.	n	s	.	.	.	.	.	.	i							
.	.	e	.	.	.	e	.	.	.	.	n	.	.	o	.	.	.	.	a							
.	.	a	.	.	.	a	.	.	.	i	.	.	.	.	c	.	.	.	c							
.	.	e	.	.	e	.	.	.	a	.	.	.	.	.	.	.	.	.	e							
.	.	.	.	.	e	.	.	c	.	.	.	.	.	.	.	.	.	.	a							
.	.	.	.	.	a	.	e	.	.	.	.	.	.	.	.	.	.	.	e							
.	.	.	.	m	.	a	.	.	.	.	.	.	.	.	.	.	.	.								
.	.	.	.	l	e	e	a	e	c	a	d	n	a	l	g	u	j	.	.	.	.					
.	.	.	.	a	p	h	a	n	o	p	e	t	a	l	a	c	e	a	e	.	.					
.	.	.	.	p	.	.	.	.	.	.	.	.	.	.	.	.	.	.	.	.	.					
.	.	.	.	.	.	.	.	.	.	.	.	.	.	.	.	.	.	.	.	.	.					
.	.	.	.	.	.	.	.	.	.	.	.	.	.	.	.	.	.	.	.	.	.					
.	.	.	.	.	.	.	.	.	.	.	.	.	.	.	.	.	.	.	.	.	.					
.	.	.	.	.	.	.	.	.	.	.	.	.	.	.	.	.	.	.	.	.	.					
.	.	.	.	.	.	.	.	.	.	.	.	.	.	.	.	.	.	.	.	.	.					
.	.	e	a	e	c	a	i	g	n	i	w	l	e	h	.	.	.	.	.	.	.					

❶ Juglandaceae ❷ Palmae ❸ Strombosiaceae
❹ Aphanopetalaceae ❺ Piperaceae ❻ Costaceae
❼ Helwingiaceae ❽ Torricelliaceae ❾ Burmanniaceae

PupiMix #42

> Familias de plantas

MokMu

Q Busca las palabras que se muestran en la siguiente lista:

pagina 42

1. Theaceae
2. Aristolochiaceae
3. Escalloniaceae
4. Pittosporaceae
5. Ginkgoaceae
6. Nyctaginaceae
7. Paeoniaceae
8. Diapensiaceae
9. Myricaceae

⭐ **¿Quieres ver la solución?**
La solución está debajo, sólo tienes que
buscar la palabra que quieres encontrar.
Es tan simple como eso.

PupiMix #42

❯ Familias de plantas

					e	a	e	c	a	r	o	p	s	o	t	t	i	p			e				
										m								a					
								y										e			
							r											c			
						i										a			
					c						e					i			
				a					a					s			
			c					e					n			
		n	e				c					e			
		a	y			a				e	p			
	e		c		i	g			a	a			
		t		n	i			e	i		
		a	o		n			c	d		
		l	g	k			a		
	l	i	g		i		
	a		n	o		h		
	c		a		c		
	s		c	c		o		
	e		e	e		l		
e	a	e	c	a	e	h	t	a	a	o		
				e	e	t		
	p	a	e	o	n	i	a	c	e	a	e	s		
								i		
							r		
						a		

❶ Theaceae **❷** Aristolochiaceae **❸** Escalloniaceae

❹ Pittosporaceae **❺** Ginkgoaceae **❻** Nyctaginaceae

❼ Paeoniaceae **❽** Diapensiaceae **❾** Myricaceae

PupiMix #43

> Familias de plantas

Busca las palabras que se muestran en la siguiente lista:

pagina 43

1. Pedaliaceae
2. Ximeniaceae
3. Lecythidaceae
4. Stegnospermataceae
5. Salicaceae
6. Elaeagnaceae
7. Oleandraceae
8. Campanulaceae
9. Lophiocarpaceae

⭐ **¿Quieres ver la solución?**
La solución está debajo, sólo tienes que
buscar la palabra que quieres encontrar.
Es tan simple como eso.

PupiMix #43

› Familias de plantas

		1	2	3
1 Pedaliaceae		**2** Ximeniaceae		**3** Lecythidaceae
4 Stegnospermataceae		**5** Salicaceae		**6** Elaeagnaceae
7 Oleandraceae		**8** Campanulaceae		**9** Lophiocarpaceae

PupiMix #44

> Familias de plantas

MokMu

Busca las palabras que se muestran en la siguiente lista:

pagina 44

1. Tropaeolaceae
2. Smilacaceae
3. Balanopaceae
4. Cymodoceaceae
5. Schoepfiaceae
6. Nephrolepidaceae
7. Santalaceae
8. Myrothamnaceae
9. Nymphaeaceae

⭐ **¿Quieres ver la solución?**
La solución está debajo, sólo tienes que
buscar la palabra que quieres encontrar.
Es tan simple como eso.

PupiMix #44

❯ Familias de plantas

	e																							
		a																						
			e																				e	
				c																			a	
			e		a																		e	
			a		e	n		e	a	e	c	a	l	a	t	n	a	s					c	
				e		a	e													e	a			
					c		h	p												a	n			
				a		p	h										s	e	m					
					p		m	r									c	c	a					
					o		y	o									h	a	h					
					n		n	l									o	c	t					
						a			e								e	a	o					
							l			p							p	l	r					
								a		i						f	i	y						
							b		d						i	m	m							
											a				a	s								
												c		c										
	t	r	o	p	a	e	o	l	a	c	e	a	e				e		e					
																a	a							
																e								
									c	y	m	o	d	o	c	e	a	c	e	a	e			

---

❶ Tropaeolaceae ❷ Smilacaceae ❸ Balanopaceae
❹ Cymodoceaceae ❺ Schoepfiaceae ❻ Nephrolepidaceae
❼ Santalaceae ❽ Myrothamnaceae ❾ Nymphaeaceae

PupiMix #45
> Familias de plantas

MokMu

Busca las palabras que se muestran en la siguiente lista:

pagina 45

1. Misodendraceae
2. Stylidiaceae
3. Salviniaceae
4. Alismataceae
5. Limnanthaceae
6. Gelsemiaceae
7. Cornaceae
8. Schizaeaceae
9. Atherospermataceae

¿Quieres ver la solución?

La solución está debajo, sólo tienes que
buscar la palabra que quieres encontrar.
Es tan simple como eso.

PupiMix #45

❯ Familias de plantas

```
. . . . . . . . . c o r n a c e a e . . . . . . . . . .
. . . . . . . . . . . . . e . . . . . . . . . . . . .
. . . . . . . . . . . . . a . . . . . . . . . . . . .
. . . . . . e . . . . . . e . . . . . . . . . . . . .
. . . . . a . . . . . . . c . . . . . . . . . . . . .
. . . . . e . . . . . . . a . . . . . . . . . . . . .
. . . . . c . . . . . . . i . . . . . . . . . . . e .
. . . . . a . . . . . . . d . . . . . . . . . . a . .
. . . . . e . . . . . . . i . . . . . . . . e . . . .
. . . . . a . . . . . . . l . . . . . . c . . . . . .
. . . . . z . . . . . . . y . . . . . a . . . . . . .
. . . . . i . . . . . . . t . . . e . t . . . g . . .
. . . . . h . . . . . . . s . . a . a . . . e . . . .
. . . . l c . . . . . . . . e . m . . . l . . . .
. . . . i s . . . . . . . c . r . . . s . . . . .
. . . . m . . . . . . . . a . e . . e . . . . . .
. . . . n . . . . . i . p . . . m . . . . . . .
. . . . a . . . . n . s . . . i . . . . . . . .
. . . . n . . . i . o . . . a . . . . . . . . .
. . . . t . . . v . r . . . c . . . . . . . . .
. . . . h . . . l . e . . . e . . . . . . . . .
. . . . a . . a . h . . . a . . . . . . . . . .
. . . . c . s . t . . . e . . . . . . . . . . .
. . . . e . . a . . . . . . . . . . . . . . . .
. . . . a . . . . e a e c a r d n e d o s i m . . .
. . . . e . . . . . e a e c a t a m s i l a . . .
. . . . . . . . . . . . . . . . . . . . . . . . .
```

---

① Misodendraceae   **②** Stylidiaceae   **③** Salviniaceae

④ Alismataceae   **⑤** Limnanthaceae   **⑥** Gelsemiaceae

⑦ Cornaceae   **⑧** Schizaeaceae   **⑨** Atherospermataceae

PupiMix #46

> Familias de plantas

MokMu

Busca las palabras que se muestran en la siguiente lista:

pagina 46

1. Nothofagaceae
2. Saxifragaceae
3. Humiriaceae
4. Dicksoniaceae
5. Potamogetonaceae
6. Ixonanthaceae
7. Primulaceae
8. Huaceae
9. Tiganophytaceae

⭐ **¿Quieres ver la solución?**
La solución está debajo, sólo tienes que
buscar la palabra que quieres encontrar.
Es tan simple como eso.

PupiMix #46

❯ Familias de plantas

.	.	.	.	e	.	.	.	.	.	.	.	.	.	.	.	.	.	.	.	.	.	.
.	.	.	.	a	.	.	.	.	.	.	.	.	.	.	.	.	.	.	.	.	.	.
.	.	.	.	e	.	.	.	.	.	.	.	.	.	.	.	.	.	.	.	e	.	e
.	.	.	.	c	.	.	.	.	.	.	.	.	.	.	.	.	.	a	.	.	.	a
.	.	.	a	n	o	t	h	o	f	a	g	a	c	e	a	e	.	.	e	.	.	e
.	.	.	n	.	.	.	.	.	.	.	.	.	.	.	c	.	.	.	.	c
.	.	.	o	.	.	.	.	.	.	.	.	.	a	.	.	.	.	.	a
.	.	.	t	.	.	.	.	.	.	.	.	t	.	.	.	.	.	u
.	.	.	e	.	.	.	.	h	.	.	y	.	.	.	.	.	.	h
e	.	.	g	.	.	i	.	.	.	.	u	.	.	h	.	.	.	.	.	.
a	.	.	o	.	.	.	x	.	.	m	.	.	p	.	.	.	.	.	.	.
e	.	.	m	.	.	.	o	i	.	.	o	.	.	.	.	.	.	.	.
c	.	.	a	.	.	.	r	n	.	n	.	.	.	.	.	.	.	.	.
a	.	.	t	.	.	.	i	.	.	a	d	i	c	k	s	o	n	i	a	c	e	a	e
g	.	.	o	.	.	a	.	.	g	.	n	.	.	.	.	.	.	.	.
a	.	.	p	.	c	.	.	i	.	.	t	.	.	.	.	.	.	.	.
r	.	.	.	e	.	.	t	.	.	.	.	h	.	.	.	.	.	.	.
f	.	.	.	a	.	.	.	.	.	.	a	.	.	.	.	.	.	.	.
i	.	.	e	.	.	.	.	.	.	.	c	.	.	.	.	.	.	.	.
x	.	.	.	.	.	.	.	.	.	.	e	.	.	.	.	.	.	.	.
a	.	.	.	.	.	.	.	.	.	.	a	.	.	.	.	.	.	.
s	.	.	.	.	.	.	.	.	.	.	e	.	.	.	.	.	.	.
.	.	.	.	.	.	.	.	e	a	e	c	a	l	u	m	i	r	p	.	.
.	.	.	.	.	.	.	.	.	.	.	.	.	.	.	.	.	.	.	.	.	.
.	.	.	.	.	.	.	.	.	.	.	.	.	.	.	.	.	.	.	.	.
.	.	.	.	.	.	.	.	.	.	.	.	.	.	.	.	.	.	.	.	.
.	.	.	.	.	.	.	.	.	.	.	.	.	.	.	.	.	.	.	.	.

❶ Nothofagaceae **❷** Saxifragaceae **❸** Humiriaceae
❹ Dicksoniaceae **❺** Potamogetonaceae **❻** Ixonanthaceae
❼ Primulaceae **❽** Huaceae **❾** Tiganophytaceae

PupiMix #47

> Familias de plantas

MokMu

l	e	p	w	n	v	r	o	w	d	l	x	u	o	e	s	z	d	e	a	m	k	y	c	z
b	g	b	c	c	b	z	g	t	a	r	k	j	e	u	b	z	b	x	j	g	a	ñ	k	i
d	h	f	t	t	j	g	t	s	a	r	c	o	l	a	e	n	a	c	e	a	e	l	b	o
x	r	y	r	y	w	s	f	c	p	q	q	t	b	j	r	y	l	s	c	d	o	b	f	n
r	t	k	e	a	a	d	j	r	n	m	v	q	ñ	k	q	p	q	o	a	d	w	c	n	x
b	j	d	a	b	n	e	a	e	c	a	i	h	c	s	t	i	w	l	e	w	o	q	z	y
d	c	ñ	e	r	a	k	n	ñ	u	l	a	f	v	h	g	i	i	h	c	d	m	i	z	w
n	y	w	c	s	x	ñ	e	l	c	a	l	a	b	b	x	p	m	b	y	b	x	n	j	m
f	s	n	a	i	z	i	j	n	e	e	r	c	e	p	y	c	s	p	g	u	m	l	o	f
i	t	h	s	a	u	c	j	e	i	z	d	c	b	k	f	d	o	f	b	p	l	m	k	i
p	o	v	u	u	b	a	g	b	b	a	i	i	e	n	e	i	j	j	w	o	b	r	q	r
y	p	f	i	l	r	c	z	p	x	u	c	j	u	b	q	v	f	a	p	t	a	i	t	f
a	t	l	n	r	e	i	m	l	h	e	a	e	c	a	d	i	h	c	r	o	ñ	p	n	z
h	e	e	e	o	t	n	b	k	v	x	h	n	a	j	p	z	e	r	o	u	m	u	f	b
l	r	o	t	i	l	a	w	s	g	b	g	d	j	e	d	a	a	m	v	b	b	q	j	y
ñ	i	c	t	d	z	c	l	q	y	l	t	f	n	q	e	f	l	j	p	p	y	r	p	w
q	d	ñ	e	m	y	e	t	s	j	ñ	z	z	f	c	f	w	m	s	p	u	l	f	g	g
n	a	p	s	m	n	u	a	z	ñ	h	t	c	u	a	l	f	t	i	i	e	z	h	w	r	m
q	c	r	d	o	g	e	v	k	t	o	h	i	e	b	m	v	l	u	ñ	y	ñ	z	u	m
d	e	x	o	r	s	y	v	d	k	s	d	s	l	k	u	v	n	u	q	z	a	c	o	l
v	a	i	b	ñ	k	j	x	v	z	n	i	u	y	b	x	u	e	e	i	t	s	x	k	o
p	e	f	o	h	c	r	m	n	a	a	x	k	e	i	e	x	q	i	p	f	w	v	k	x
r	c	d	e	d	o	r	t	n	c	d	d	e	t	p	o	v	a	v	t	e	y	n	l	o
k	w	a	z	g	o	w	r	e	c	y	j	b	ñ	a	d	r	d	d	o	r	o	u	ñ	t
r	n	o	p	w	n	e	a	h	f	o	k	y	ñ	m	f	j	b	f	h	a	j	o	y	q
p	p	p	o	d	h	e	n	e	y	w	j	i	e	r	j	q	f	v	d	e	x	ñ	p	i
o	c	s	c	m	k	z	d	i	n	ñ	r	q	w	r	r	n	q	v	w	n	s	w	r	q

Q Busca las palabras que se muestran en la siguiente lista:

pagina 47

1. Sarcolaenaceae
2. Metteniusaceae
3. Hernandiaceae
4. Welwitschiaceae
5. Icacinaceae
6. Rafflesiaceae
7. Orchidaceae
8. Cystopteridaceae
9. Frankeniaceae

⭐ **¿Quieres ver la solución?**
La solución está debajo, sólo tienes que
buscar la palabra que quieres encontrar.
Es tan simple como eso.

PupiMix #47

> Familias de plantas

.	.	.	.	.	.	.	.	.	.	.	.	.	.	.	.	.	.	.	.	.	.	.	.	.
.	.	.	.	.	.	.	.	.	.	.	.	.	.	.	.	.	.	.	.	.	.	.	.	.
.	.	f	.	.	.	.	.	s	a	r	c	o	l	a	e	n	a	c	e	a	e	.	.	.
.	.	.	r	.	.	.	.	.	.	.	.	.	.	.	.	.	.	.	.	.	.	.	.	.
.	.	.	e	a	.	.	.	.	.	.	.	.	.	.	.	.	.	.	.	.	.	.	.	.
.	.	.	a	.	n	e	a	e	c	a	i	h	c	s	t	i	w	l	e	w	.	.	.	.
.	c	.	e	.	.	k	.	.	.	.	.	.	.	.	.	.	.	.	.	.	.	.	.	.
.	y	.	c	.	.	.	e	.	.	.	.	.	.	.	.	.	.	.	.	.	.	.	.	.
.	s	.	a	.	.	i	.	n	.	.	.	.	.	.	.	.	.	.	.	.	.	.	.	.
.	t	.	s	.	.	c	.	.	i	.	.	.	.	.	.	.	.	.	.	.	.	.	.	.
.	o	.	u	.	.	a	.	.	.	a	.	.	.	.	.	.	.	.	.	.	.	.	.	.
.	p	.	i	.	.	c	.	.	.	.	c	.	.	.	.	.	.	.	.	.	.	.	.	.
.	t	.	n	.	.	i	.	.	.	e	a	e	c	a	d	i	h	c	r	o	.	.	.	.
.	e	.	e	.	.	n	.	.	.	.	.	a	.	.	.	e	r	.	.	.	.	.	.	.
.	r	.	t	.	.	a	.	.	.	.	.	.	e	.	a	a	.	.	.	.	.	.	.	.
.	i	.	t	.	.	c	.	.	.	.	.	.	e	f	.	.	.	.	.	.	.	.	.	.
.	d	.	e	.	.	e	.	.	.	.	.	c	f	.	.	.	.	.	.	.	.	.	.	.
.	a	.	m	.	.	a	.	.	.	.	a	l	.	.	.	.	.	.	.	.	.	.	.	.
.	c	.	.	.	e	.	.	.	.	i	e	.	.	.	.	.	.	.	.	.	.	.	.	.
.	e	.	.	.	.	.	.	.	d	s	.	.	.	.	.	.	.	.	.	.	.	.	.	.
.	a	.	.	.	.	.	.	n	i	.	.	.	.	.	.	.	.	.	.	.	.	.	.	.
.	e	.	.	.	.	.	a	a	.	.	.	.	.	.	.	.	.	.	.	.	.	.	.	.
.	.	.	.	.	.	n	c	.	.	.	.	.	.	.	.	.	.	.	.	.	.	.	.	.
.	.	.	.	.	.	r	e	.	.	.	.	.	.	.	.	.	.	.	.	.	.	.	.	.
.	.	.	.	.	e	a	.	.	.	.	.	.	.	.	.	.	.	.	.	.	.	.	.	.
.	.	.	.	h	e	.	.	.	.	.	.	.	.	.	.	.	.	.	.	.	.	.	.	.
.	.	.	.	.	.	.	.	.	.	.	.	.	.	.	.	.	.	.	.	.	.	.	.	.

---

1 Sarcolaenaceae   **2** Metteniusaceae   **3** Hernandiaceae

4 Welwitschiaceae   **5** Icacinaceae   **6** Rafflesiaceae

7 Orchidaceae   **8** Cystopteridaceae   **9** Frankeniaceae

PupiMix #48

> Familias de plantas

MokMu

Busca las palabras que se muestran en la siguiente lista:

pagina 48

1. Circaeasteraceae
2. Martyniaceae
3. Ticodendraceae
4. Columelliaceae
5. Sabiaceae
6. Paulowniaceae
7. Lycopodiaceae
8. Achatocarpaceae
9. Cruciferae

⭐ **¿Quieres ver la solución?**
La solución está debajo, sólo tienes que
buscar la palabra que quieres encontrar.
Es tan simple como eso.

PupiMix #48

> Familias de plantas

❶ Circaeasteraceae	❷ Martyniaceae	❸ Ticodendraceae
❹ Columelliaceae	❺ Sabiaceae	❻ Paulowniaceae
❼ Lycopodiaceae	❽ Achatocarpaceae	❾ Cruciferae

PupiMix #49

> Familias de plantas

MokMu

g	i	r	i	d	a	c	e	a	e	v	w	o	n	e	v	i	r	z	c	o	z	v	g	x
s	ñ	q	i	o	q	j	k	h	c	k	h	h	c	s	h	o	g	q	e	y	b	b	a	y
a	e	ñ	h	i	o	b	o	r	z	a	g	d	y	x	p	t	t	g	d	v	t	t	a	m
o	a	f	e	l	c	e	p	c	e	j	o	t	o	q	ñ	i	a	n	x	i	w	v	m	y
p	e	e	o	k	v	q	v	i	s	c	t	x	r	c	f	e	q	v	v	w	i	l	d	l
y	c	c	a	u	e	n	v	s	k	y	f	o	q	e	e	h	i	v	h	k	r	u	g	i
t	a	a	n	e	s	e	i	e	b	c	d	w	k	w	y	r	a	x	h	i	r	t	q	v
r	d	m	u	q	c	a	q	b	c	y	d	y	k	n	e	e	p	l	a	ñ	h	r	s	v
f	i	e	a	e	c	a	l	e	t	a	m	a	u	g	a	t	e	v	d	k	ñ	v	s	i
b	s	y	o	r	e	h	d	v	x	p	j	v	r	ñ	e	i	g	e	e	z	i	o	ñ	s
b	p	i	f	t	q	a	l	i	f	b	n	v	k	y	c	a	f	j	s	l	t	w	j	g
o	o	r	e	u	z	d	e	u	l	p	j	p	r	r	a	c	r	v	n	v	c	j	a	s
l	i	g	a	x	y	x	w	c	c	l	e	k	v	i	t	e	o	x	o	j	u	e	d	d
o	z	u	l	z	i	r	c	j	a	x	y	r	p	t	r	a	h	t	k	o	k	v	u	g
p	a	v	q	t	u	u	c	d	q	l	m	r	i	h	y	e	h	e	e	w	y	y	n	y
r	l	o	y	m	n	p	g	w	n	i	l	u	a	d	m	l	z	i	y	a	t	z	p	a
x	p	t	s	h	p	o	t	u	k	n	q	y	p	m	i	c	k	d	l	d	t	x	h	r
v	i	t	z	v	b	g	p	q	z	g	g	e	h	a	a	s	f	f	p	c	ñ	q	i	t
a	d	n	t	i	l	b	l	ñ	b	e	l	l	i	p	ñ	i	c	i	i	a	p	x	j	b
k	s	e	f	d	c	j	e	r	z	d	g	w	h	l	o	b	ñ	a	v	u	k	w	ñ	l
u	z	s	u	a	t	x	p	v	t	i	g	h	i	p	ñ	c	o	m	c	o	h	e	f	c
k	s	l	ñ	k	w	p	n	ñ	w	g	v	h	n	x	v	k	n	k	m	e	s	o	v	j
f	m	f	u	l	f	a	t	n	f	i	g	n	o	y	h	y	l	o	q	h	a	o	x	i
q	i	g	c	n	f	w	f	h	r	z	d	x	a	o	q	n	y	g	i	p	d	e	u	ñ
b	e	ñ	a	l	s	e	u	o	s	m	i	a	c	e	a	e	s	a	v	d	t	r	p	n
b	t	p	a	d	m	n	x	w	s	z	m	g	r	b	y	f	z	s	a	f	s	u	s	o
z	h	o	l	e	w	v	f	c	x	m	f	j	h	i	s	l	f	a	e	e	p	k	r	e

Q Busca las palabras que se muestran en la siguiente lista:

pagina 49

① Alseuosmiaceae ② Diplaziopsidaceae ③ Dioncophyllaceae
④ Iridaceae ⑤ Ehretiaceae ⑥ Peridiscaceae
⑦ Guamatelaceae ⑧ Myrtaceae ⑨ Amaryllidaceae

⭐ **¿Quieres ver la solución?**
La solución está debajo, sólo tienes que
buscar la palabra que quieres encontrar.
Es tan simple como eso.

PupiMix #49

❯ Familias de plantas

.	i	r	i	d	a	c	e	a	e	.	.	.	.	.	.	.	.	.	.	.	.	.	.	.
.	.	.	.	.	.	.	.	.	.	.	.	.	.	.	.	.	.	.	.	.	.	.	.	.
.	e	.	.	.	.	.	.	.	.	.	.	.	.	.	.	.	.	.	.	.	.	.	.	.
.	a	.	.	.	.	.	.	.	.	.	.	.	.	.	.	.	.	.	.	.	.	.	.	.
.	e	e	.	.	.	.	.	.	.	.	.	.	e	.	.	.	.	.	.	.	.	.	.	.
.	c	.	a	.	.	.	.	.	.	.	.	.	h	.	.	.	.	.	.	.	.	.	.	.
.	a	.	.	e	.	.	.	.	.	.	.	.	r	.	.	.	.	.	.	.	.	.	.	.
.	d	.	.	.	c	.	.	.	.	.	.	e	e	.	.	.	.	.	.	.	.	.	.	.
.	i	e	a	e	c	a	l	e	t	a	m	a	u	g	a	t	.	.	.	.	.	.	.	.
.	s	.	.	.	e	.	d	.	.	.	.	.	e	i	.	.	.	.	.	.	.	.	.	.
.	p	.	.	.	.	a	.	i	.	.	.	.	c	a	.	.	.	.	.	.	.	.	.	.
.	o	.	.	.	.	e	.	l	p	.	.	.	a	c	.	.	.	.	.	.	.	.	.	.
.	i	.	.	.	.	.	.	c	.	l	e	.	.	t	e	.	.	.	.	.	.	.	.	.
.	z	.	.	.	.	.	.	a	.	y	r	.	.	r	a	.	.	.	.	.	.	.	.	.
.	a	.	.	.	.	.	.	l	.	r	i	.	y	e	.	.	.	.	.	.	.	.	.	.
.	l	.	.	.	.	.	.	l	.	a	d	m	.	.	.	.	.	.	.	.	.	.	.	.
.	p	.	.	.	.	.	.	.	y	.	m	i	.	.	.	.	.	.	.	.	.	.	.	.
.	i	.	.	.	.	.	.	h	.	a	s	.	.	.	.	.	.	.	.	.	.	.	.	.
.	d	.	.	.	.	.	.	.	p	.	.	c	.	.	.	.	.	.	.	.	.	.	.	.
.	.	.	.	.	.	.	.	.	.	o	.	.	a	.	.	.	.	.	.	.	.	.	.	.
.	.	.	.	.	.	.	.	.	.	c	.	.	c	.	.	.	.	.	.	.	.	.	.	.
.	.	.	.	.	.	.	.	.	.	.	n	.	.	e	.	.	.	.	.	.	.	.	.	.
.	.	.	.	.	.	.	.	.	.	.	.	o	.	.	a	.	.	.	.	.	.	.	.	.
.	.	.	.	.	.	.	.	.	.	.	.	.	i	.	.	e	.	.	.	.	.	.	.	.
.	.	.	a	l	s	e	u	o	s	m	i	a	c	e	a	e	.	.	.	d	.	.	.	.
.	.	.	.	.	.	.	.	.	.	.	.	.	.	.	.	.	.	.	.	.	.	.	.	.
.	.	.	.	.	.	.	.	.	.	.	.	.	.	.	.	.	.	.	.	.	.	.	.	.

1 Alseuosmiaceae **2** Diplaziopsidaceae **3** Dioncophyllaceae
4 Iridaceae **5** Ehretiaceae **6** Peridiscaceae
7 Guamatelaceae **8** Myrtaceae **9** Amaryllidaceae

PupiMix #50

> Familias de plantas

MokMu

Q Busca las palabras que se muestran en la siguiente lista:

pagina 50

1. Polemoniaceae
2. Calophyllaceae
3. Elatinaceae
4. Marsileaceae
5. Araceae
6. Acanthaceae
7. Emblingiaceae
8. Cunoniaceae
9. Asteliaceae

⭐ **¿Quieres ver la solución?**
La solución está debajo, sólo tienes que
buscar la palabra que quieres encontrar.
Es tan simple como eso.

PupiMix #50

❯ Familias de plantas

	e	a	e	c	a	i	g	n	i	l	b	m	e												
	p	o	l	e	m	o	n	i	a	c	e	a	e											
									m	a	r	s	i	l	e	a	c	e	a	e				
				a															e						
				s												c			a					
			e		t										a			e						
				a		e									l			c						
					e		l								o			a						
					a	c		i							p			i						
				c		a		a						h		e	n							
					a		n		c					y		a	o							
					n		i		e					l		e	n							
					t		t		a					l		c	u							
						h		a		e				a		a	c							
							a		l				c		r									
							c		e				e		a									
								e					a											
									a			e												
										e														

❶ Polemoniaceae   ❷ Calophyllaceae   ❸ Elatinaceae
❹ Marsileaceae   ❺ Araceae   ❻ Acanthaceae
❼ Emblingiaceae   ❽ Cunoniaceae   ❾ Asteliaceae

PupiMix #51
> Familias de plantas

MokMu

Busca las palabras que se muestran en la siguiente lista:

1. Balsaminaceae
2. Thelypteridaceae
3. Platanaceae
4. Isoëtaceae
5. Athyriaceae
6. Gisekiaceae
7. Petrosaviaceae
8. Flagellariaceae
9. Tofieldiaceae

pagina 51

⭐ **¿Quieres ver la solución?**
La solución está debajo, sólo tienes que
buscar la palabra que quieres encontrar.
Es tan simple como eso.

PupiMix #51

❯ Familias de plantas

													e													
										a																
									e																	
								c																		
							a																			
						i																				
					k		p																			
				e	.	e	l																			
			s	.	.	a																				
		i	.	.	t	e																				
	g	.	.	a	e	c	.	b	a	l	s	a	m	i	n	a	c	e	a	e	.	.				
		n	.	a	a																					
	a	.	.	e	d	.	.	e								a										
	c	.	.	c	i	.	.	.	a	.	.	i	s	o	ë	t	a	c	e	a	e					
e	.			a	r	.	.	.	e	.				h	.											
a				i	e	.	.	.	.	c	.	.	.	y												
e				r	t	.	.	.	.	a	.	.	r													
				a	p	.	.	.	.	.	i	.	i	.												
				l	y	.	.	.	.	d	a	.														
				l	l	.	.	.	.	l	c	.														
				e	e	.	.	.	.	e	.															
				g	h	.	.	.	a	i	.															
				a	t	.	.	.	e	.	f	.														
			l	e	a	e	c	a	i	v	a	s	o	r	t	e	p	o	.	.						
			f	.	.	.	.	.	.	.	.	.	.	t												

---

❶ Balsaminaceae ❷ Thelypteridaceae ❸ Platanaceae
❹ Isoëtaceae ❺ Athyriaceae ❻ Gisekiaceae
❼ Petrosaviaceae ❽ Flagellariaceae ❾ Tofieldiaceae

PupiMix #52

> Familias de plantas

MokMu

Busca las palabras que se muestran en la siguiente lista:

pagina 52

1. Blandfordiaceae
2. Commelinaceae
3. Hymenophyllaceae
4. Lomariopsidaceae
5. Araucariaceae
6. Haloragaceae
7. Dilleniaceae
8. Solanaceae
9. Bignoniaceae

⭐ **¿Quieres ver la solución?**
La solución está debajo, sólo tienes que
buscar la palabra que quieres encontrar.
Es tan simple como eso.

PupiMix #52

> Familias de plantas

❶	Blandfordiaceae	❷	Commelinaceae	❸	Hymenophyllaceae
❹	Lomariopsidaceae	❺	Araucariaceae	❻	Haloragaceae
❼	Dilleniaceae	❽	Solanaceae	❾	Bignoniaceae

PupiMix #53

> Familias de plantas

MokMu

Busca las palabras que se muestran en la siguiente lista:

1. Monimiaceae
2. Bonnetiaceae
3. Pentadiplandraceae
4. Moringaceae
5. Droseraceae
6. Casuarinaceae
7. Cupressaceae
8. Grossulariaceae
9. Cycadaceae

pagina 53

⭐ **¿Quieres ver la solución?**
La solución está debajo, sólo tienes que
buscar la palabra que quieres encontrar.
Es tan simple como eso.

PupiMix #53

❯ Familias de plantas

.	.	.	.	.	.	.	.	.	.	.	.	.	.	.	.	.	.	.	.	.	.	.	.
.	.	.	.	.	.	.	.	.	.	.	.	.	.	.	.	.	.	.	.	.	.	.	.
.	.	.	.	.	.	.	.	.	.	.	.	.	.	.	.	d	.	.	.	.	.	.	.
.	.	.	.	.	.	.	.	.	.	.	.	.	.	.	.	r	.	.	.	.	.	.	.
.	.	.	.	.	.	.	.	.	.	.	.	.	.	.	.	o	.	.	.	.	.	.	.
.	.	.	.	.	.	.	.	.	.	.	.	.	.	.	.	s	.	.	.	.	.	.	.
.	.	.	.	.	.	.	.	.	.	.	.	.	.	.	.	e	.	.	.	.	.	.	.
.	e	a	e	c	a	g	n	i	r	o	m	.	.	.	.	r	.	.	.	.	.	.	.
.	.	.	.	p	.	.	.	.	c	.	.	.	.	.	.	a	.	.	.	.	.	.	.
.	.	.	.	e	.	.	y	.	.	.	.	.	.	.	.	c	.	.	g	.	.	.	.
.	.	.	.	n	c	.	e	a	e	c	a	i	m	i	n	o	m	e	.	.	r	.	.
.	.	.	.	a	t	.	.	.	c	.	.	.	.	.	.	a	.	.	o	.	.	.	.
.	.	.	.	d	.	.	a	.	.	.	.	a	.	.	.	e	.	.	s	.	.	.	.
.	.	.	a	.	.	.	d	.	.	.	s	.	.	.	.	.	.	.	s	.	.	.	.
.	.	c	.	.	.	e	.	.	i	.	.	.	u	.	.	.	.	.	u	.	.	.	.
.	e	.	.	.	.	a	.	.	p	.	.	.	a	.	.	.	.	l	.	.	.	.	.
.	a	.	.	.	.	e	.	.	.	l	.	.	.	r	.	.	.	a	.	.	.	.	.
e	.	.	.	.	c	.	.	.	a	.	.	.	i	.	.	.	r	.	.	.	.	.	.
.	.	.	.	.	a	.	.	.	n	.	.	.	n	.	.	i	.	.	.	.	.	.	.
.	.	.	.	.	i	.	.	.	.	.	d	.	.	.	a	.	.	a	.	.	.	.	.
.	.	.	.	.	t	.	.	.	.	.	r	.	.	.	c	.	c	.	.	.	.	.	.
.	.	.	.	.	e	.	.	.	.	.	.	a	.	.	.	e	e	.	.	.	.	.	.
.	.	.	.	.	n	.	c	u	p	r	e	s	s	a	c	e	a	e	.	a	.	.	.
.	.	.	.	.	n	.	.	.	.	.	.	.	.	e	.	.	.	e	e	.	.	.	.
.	.	.	.	.	o	.	.	.	.	.	.	.	.	a	.	.	.	.	.	.	.	.	.
.	.	.	.	.	b	.	.	.	.	.	.	.	.	.	e	.	.	.	.	.	.	.	.
.	.	.	.	.	.	.	.	.	.	.	.	.	.	.	.	.	.	.	.	.	.	.	.

❶ Monimiaceae   **❷** Bonnetiaceae   **❸** Pentadiplandraceae

❹ Moringaceae   **❺** Droseraceae   **❻** Casuarinaceae

❼ Cupressaceae   **❽** Grossulariaceae   **❾** Cycadaceae

PupiMix #54

> Familias de plantas

MokMu

Busca las palabras que se muestran en la siguiente lista:

1. Oleaceae
2. Limeaceae
3. Akaniaceae
4. Scheuchzeriaceae
5. Lygodiaceae
6. Cucurbitaceae
7. Namaceae
8. Gesneriaceae
9. Alzateaceae

pagina 54

⭐ **¿Quieres ver la solución?**
La solución está debajo, sólo tienes que
buscar la palabra que quieres encontrar.
Es tan simple como eso.

PupiMix #54

> Familias de plantas

.	.	e	a	e	c	a	i	r	e	z	h	c	u	e	h	c	s	.	.	.	.	.	.	.
.	.	.	.	.	.	.	.	.	.	.	.	.	.	.	.	.	.	.	e	.	.	.	.	.
.	.	.	.	.	.	.	.	.	.	.	.	.	.	.	.	a	.	.	.	.	.	.	.	.
.	.	.	.	.	.	.	.	.	.	.	.	.	.	e	.	.	g	.	.	.	.	.	.	.
.	.	.	.	.	.	.	.	.	.	.	.	c	.	.	.	e	.	.	.	.	.	.	.	.
.	.	.	.	.	.	.	.	.	.	a	.	.	.	.	.	s	.	.	.	.	.	.	.	.
.	.	.	.	.	.	.	.	.	i	.	.	.	.	.	n	.	.	.	.	.	.	.	.	.
.	.	.	.	.	.	.	.	n	.	.	e	.	.	.	e	.	.	.	.	.	.	.	.	.
.	.	.	.	.	.	.	a	.	.	.	a	.	.	.	r	.	.	.	.	.	.	.	.	.
.	.	.	.	.	.	k	.	.	.	.	e	.	.	.	i	.	.	.	.	.	.	.	.	.
.	.	o	l	e	a	c	e	a	e	.	a	.	.	.	c	.	.	.	a	.	.	.	.	.
.	.	.	.	.	.	.	.	.	.	.	a	.	.	.	c	.	.	.	.	.	.	.	.	.
.	.	.	.	.	.	.	.	.	.	.	i	.	.	.	e	.	.	.	.	.	.	.	.	.
.	.	.	c	.	.	.	.	.	e	.	d	.	.	.	a	.	.	.	.	.	.	.	.	.
.	.	.	.	u	.	.	.	.	a	.	o	.	.	.	e	.	.	.	.	.	.	.	.	.
.	.	.	c	.	.	.	.	.	e	.	g	.	.	a	.	.	.	.	.	.	.	.	.	.
.	.	.	.	u	.	.	.	.	c	.	y	.	.	l	.	.	.	.	.	.	.	.	.	.
.	.	.	.	r	.	.	.	.	a	.	l	.	z	.	.	.	.	.	.	.	.	.	.	.
.	.	.	.	.	b	.	.	.	e	.	.	a	.	.	.	.	.	.	.	.	.	.	.	.
.	.	.	.	.	.	i	.	.	m	.	t	.	.	.	.	.	.	.	.	.	.	.	.	.
.	.	.	.	.	.	t	.	i	.	e	.	.	.	.	.	.	.	.	.	.	.	.	.	.
.	.	.	.	.	.	a	l	a	.	.	.	.	.	.	.	.	.	.	.	.	.	.	.	.
.	.	.	.	.	.	c	c	.	.	.	.	.	.	.	.	.	.	.	.	.	.	.	.	.
.	.	.	.	.	.	e	.	.	.	.	.	.	.	.	.	.	.	.	.	.	.	.	.	.
.	.	.	.	.	.	a	.	a	.	.	.	.	.	.	.	.	.	.	.	.	.	.	.	.
.	.	.	.	.	e	.	.	.	e	.	.	.	.	.	.	.	.	.	.	.	.	.	.	.
.	.	.	.	n	a	m	a	c	e	a	e	.	.	.	.	.	.	.	.	.	.	.	.	.

① Oleaceae ② Limeaceae ③ Akaniaceae
④ Scheuchzeriaceae ⑤ Lygodiaceae ⑥ Cucurbitaceae
⑦ Namaceae ⑧ Gesneriaceae ⑨ Alzateaceae

PupiMix #55

> Familias de plantas

MokMu

Busca las palabras que se muestran en la siguiente lista:

pagina 55

1. Winteraceae
2. Byblidaceae
3. Tecophilaeaceae
4. Combretaceae
5. Compositae
6. Cabombaceae
7. Cyatheaceae
8. Davalliaceae
9. Aptandraceae

⭐ **¿Quieres ver la solución?**
La solución está debajo, sólo tienes que
buscar la palabra que quieres encontrar.
Es tan simple como eso.

PupiMix #55

❯ Familias de plantas

			e	a	e	c	a	t	e	r	b	m	o	c												
		t	a				e																			
			e	p					a																	
				c	t					e																
				o	a				c																	
					p	n					a															
						h	d				b															
							i	r				m														
								l	a				o													
				b					a	c				b			e								
				y					e	e					a		a								
				b					a	a				c	e										
				l					c	e				c											
				i						e				a											
				d						a			i												
				a						e		l	e											
				c								l	a											
				e								a	t											
			a	e	a	e	c	a	r	e	t	n	i	w		v	i								
				e									a	s											
		e	a	e	c	a	e	h	t	a	y	c					d	o							
																	p								
																	m								
																	o								
																	c								

❶ Winteraceae ❷ Byblidaceae ❸ Tecophilaeaceae
❹ Combretaceae ❺ Compositae ❻ Cabombaceae
❼ Cyatheaceae ❽ Davalliaceae ❾ Aptandraceae

PupiMix #56

> Familias de plantas

Busca las palabras que se muestran en la siguiente lista:

1. Hydroleaceae
2. Tetrameristaceae
3. Francoaceae
4. Passifloraceae
5. Stilbaceae
6. Orobanchaceae
7. Lamiaceae
8. Tectariaceae
9. Pentaphragmataceae

⭐ **¿Quieres ver la solución?**
La solución está debajo, sólo tienes que
buscar la palabra que quieres encontrar.
Es tan simple como eso.

PupiMix #56
> Familias de plantas

.	.	.	.	.	.	.	.	.	.	.	.	.	.	.	.	.	.	.	.	.	.	.	.	.	e
.	.	.	.	.	.	.	.	.	.	.	.	.	.	.	.	.	.	.	.	.	.	.	.	.	a
.	.	.	.	.	.	.	.	.	.	.	.	.	.	.	.	.	.	.	.	.	.	.	.	e	e
.	.	.	.	.	.	.	.	.	.	.	.	.	.	.	.	.	.	.	.	.	.	.	.	a	c
.	.	.	.	.	.	.	.	.	.	.	.	.	.	.	.	.	.	.	.	.	.	.	.	e	a
.	.	.	.	.	.	.	.	.	.	.	.	.	.	.	.	.	.	.	.	.	.	.	.	c	t
.	e	a	e	c	a	i	r	a	t	c	e	t	.	.	.	.	.	.	.	.	.	.	.	a	a
.	e	a	e	c	a	t	s	i	r	e	m	a	r	t	e	t	.	.	e	.	.	.	h	m	.
.	.	.	.	.	.	.	.	.	.	.	.	.	.	.	a	.	.	.	c	.	g	.		
.	.	.	.	.	.	e	.	.	.	.	.	.	.	.	e	.	.	n	.	a				
.	.	.	.	.	.	.	a	.	.	.	.	.	.	.	c	.	.	a	.	r				
.	.	.	.	.	.	.	.	e	.	e	.	.	.	.	a	.	.	b	.	h				
.	.	.	.	.	.	.	.	.	c	.	a	.	.	.	o	.	.	o	.	p				
.	.	.	.	.	.	.	.	.	a	.	e	.	.	.	c	.	.	r	.	a				
.	.	.	.	.	.	.	.	.	e	.	c	.	.	.	n	.	.	o	.	t				
.	.	.	.	.	.	.	.	l	.	a	.	.	.	a	.	.	.	n						
.	.	.	.	.	.	.	e	o	.	r	.	.	.	r	.	.	.	e						
.	.	.	.	.	.	a	.	.	r	.	o	.	f	.	.	.	p							
.	.	.	.	.	e	.	.	.	.	d	.	l	.	.	.									
.	.	.	.	c	.	.	.	.	y	.	f	.	.	.										
.	.	.	a	.	.	.	.	.	.	h	.	i	.	.	.									
.	.	i	.	.	.	.	.	.	.	.	s	.	.	.	.									
.	m	.	.	.	.	.	.	.	.	.	.	s	.	.										
a	.	.	.	.	.	.	.	.	.	.	.	a	.											
.	l	.	e	a	e	c	a	b	l	i	t	s	.	.	.	.	.	.	.	p	.			
.	.	.	.	.	.	.	.	.	.	.	.	.	.	.	.	.	.	.	.	.	.			
.	.	.	.	.	.	.	.	.	.	.	.	.	.	.	.	.	.	.	.	.	.			

❶ Hydroleaceae ❷ Tetrameristaceae ❸ Francoaceae
❹ Passifloraceae ❺ Stilbaceae ❻ Orobanchaceae
❼ Lamiaceae ❽ Tectariaceae ❾ Pentaphragmataceae

PupiMix #57
> Familias de plantas

Busca las palabras que se muestran en la siguiente lista:

1. Rousseaceae
2. Sladeniaceae
3. Meliaceae
4. Hydrophyllaceae

pagina 57

★ **¿Quieres ver la solución?**
La solución está debajo, sólo tienes que
buscar la palabra que quieres encontrar.
Es tan simple como eso.

PupiMix #57

❯ Familias de plantas

1 Rousseaceae   2 Sladeniaceae   3 Meliaceae
4 Hydrophyllaceae

Felicidades!
LO LOGRASTE!!

Todo esfuerzo tiene su recompensa, así que tómate un descanso y disfruta de este maravilloso logro!

www.ingramcontent.com/pod-product-compliance
Lightning Source LLC
Chambersburg PA
CBHW082236220526
45479CB00005B/1254